JN295303

鉄道車両のパーツ
製造現場をたずねる

石本祐吉

アグネ技術センター

口絵1　ジャンパケーブルの結線作業
ジャンパとは車両間を連絡する電線ケーブルのこと．仕様の同じものを束ねてケーブルに端子を取り付け，ケーシングに組み込む．（高崎市の㈱ユタカ製作所高崎工場で）

口絵2　幌骨の縫い込み
幌布の重なり部分に幌骨を入れて両側をミシン掛けする．（愛知県御津町の㈱成田製作所御津工場で）

口絵 3　車輪の熱間圧延
熱間の車輪 1 次圧延機では主として外側のタイヤ部分に鍛練が加えられる．（大阪市此花区の住友金属工業㈱関西製造所で）

口絵 4　ユニット窓の水漏れテスト
水漏れ試験中の札幌市営地下鉄向け大型ユニット窓．中央は固定窓，両側はバランサ付きの下降窓である．（岐阜県養老町のアルナ輸送機用品㈱で）

口絵 5　棚の上から見た吊手と荷物棚
棚受け用と吊手棒用のブラケットはデザインに調和が見られる．これは名鉄でも現役最古参の 750 形のもの．

口絵 6　屋根上の 3 基のアンテナ
北総鉄道に引き継がれた元都市基盤整備公団線 9000 系の先頭車．誘導無線の受信用（中）送信用（右）のほか，かつて新京成線に乗り入れていた名残りで空間波無線用アンテナ（左）も備えている．

口絵 7　大型ライトとシールドビーム前照灯
修善寺駅に顔を揃えた左の国鉄（当時）165 系は大型レンズ付きの電球式 2 灯，右の伊豆箱根 1000 系はシールドビーム 2 灯で，過渡期の光景といえる．（1979 年撮影）

口絵 8　わが国初の VVVF 制御電車
1982 年登場の熊本市電 8200 形はわが国初の VVVF インバータ制御の電車である．なお 100％低床路面電車でも熊本市電 9700 形はわが国初であった．（新町付近の専用軌道区間で）

はしがき

　鉄道車両——現在のわが国の鉄道においてはそれは事実上「電車」の同義語である——はわれわれにとって日常的に目にふれ，利用する実に身近な存在である．しかしいかに毎日目にし，利用していても，いざそのパーツに着目すると，何のためにそれがあるのか，中はどうなっているのか，なぜそうなっているのかなど，さまざまな疑問が湧いてくる．もとよりそれを作ったメーカーの担当者や鉄道会社の社員なら，技術的な意味合い，設計思想，内部の仕組みなどは十分お分かりだろう．しかし単なる乗客にすぎない著者を含む部外者にすれば，いくら孔の開くほど観察してもわからないことは沢山ある．

　本書はそうした疑問に対して，許される限りの観察と市販の文献や情報の解読，そして実際の製造現場をお訪ねすることで解明したことがらを取りまとめたものである．技術的な説明は固くなりがちなので，できるだけ写真や図を使うように工夫した．しかし著者は鉄道趣味のキャリアこそ人並みにあるものの，リタイヤする前の本職は鉄は鉄でも製鉄会社の技術屋であり，鉄道にとってのプロではない．したがって本書もせいぜい部外者の好奇心を満足させるレベルが目標であって，鉄道関係者から見れば先刻ご承知の内容ばかりであろうことを，最初にお断りしておかねばならない．

　本書を手にしたことで，いやでも毎日目に触れる鉄道車両に多少なりとも親近感を増していただけたならば，うれしい限りである．

目　次

はしがき………………………………………………………………… i

1章　ジャンパ連結器……………………………………………………… 2
　　ジャンパ　2／ジャンパ連結器　3
　　製造現場を訪ねる　ジャンパ連結器—㈱ユタカ製作所　8

2章　電気連結器…………………………………………………………… 16
　　密着連結器と電気連結器　16／密着式自動連結器と電気連結器
　　17／二段式電気連結器　21／空気管接続部　21
　　製造現場を訪ねる　電気連結器—㈱ユタカ製作所　24

3章　連結部の幌…………………………………………………………… 27
　　幌の役割　27／桜木町事故と幌　29／幌の構造　31／中垂れ
　　防止対策　35／貫通路を室内なみに　35／広幅貫通路　37

4章　先頭部の幌…………………………………………………………… 38
　　編成の先頭部　38／先頭部の幌　39／
　　幌の出し入れの自動化　45
　　製造現場を訪ねる　幌—㈱成田製作所　46

5章　連結部の外幌……………………………………………………53
　　　車両間の間隔　53／外幌の要件　57／連結側の妻面　61／
　　　連結面の間隔　61／内々幌　61

6章　輪軸—車輪と車軸…………………………………………………65
　　　台車と輪軸　65
　　　製造現場を訪ねる　輪軸—住友金属工業㈱関西製造所　68

7章　窓と窓枠……………………………………………………………75
　　　開閉する窓　75／昔の窓　77／窓の段数　77／ユニット窓と
　　　固定窓　79
　　　製造現場を訪ねる　窓枠—アルナ輸送機用品㈱　82

8章　車両のドア…………………………………………………………89
　　　ドアの種類　89／ドアの数　91／ドアの位置　97／
　　　ドアの幅　98／ドア自身（戸）の問題　98
　　　製造現場を訪ねる　ドア—アルナ輸送機用品㈱　100

9章　吊革，手すり，そして網棚 …………………………… 102

吊手，手すり，荷物棚　102／吊手のいろいろ　105／手すりのいろいろ　107／荷物棚のいろいろ　111／車両用のステンレス鋼管　111

製造現場を訪ねる　ステンレスパイプ製品—共進金属工業㈱　113

10章　車内放送装置 …………………………………………… 120

車内放送の歴史　120／さまざまな技術改良　121

製造現場を訪ねる　車内放送設備—八幡電気産業㈱　127

11章　その他の通信装置 ……………………………………… 131

車内放送以外の通信設備　131／乗務員相互間の通信システム　133／非常通報装置　133／列車無線　135／空間波無線と誘導無線　137／相互乗り入れと列車無線　139／防護発報　141

12章　前照灯，尾灯など……………………………………………… 142
　　　前照灯，本当は前部標識灯　142／ランプ（電球）の歴史　143
　　　／取り付け位置と個数　149／尾灯　155／尾灯の光源　157／
　　　尾灯の取り付け位置　159／その他の表示灯　159

13章　その他の電気機器……………………………………………… 163
　　　製造現場を訪ねる　電気機器―森尾電機㈱　164

14章　その他の板金もの……………………………………………… 179
　　　板金ものとは　179／鉄道車両の板金もの　181
　　　製造現場を訪ねる　町の板金工場―伸栄精機　182

15章　主制御器………………………………………………………… 191
　　　電動機の速度制御　191／抵抗制御法　193／直並列制御　195／
　　　界磁弱め制御　197／パワーエレクトロニクス時代の到来　201
　　　／チョッパ制御　201／界磁チョッパ制御と界磁添加励磁制御
　　　205／インバータ制御　207／交流誘導電動機の魅力　211

16章　ブレーキシステム..215
　　スピードとブレーキ　215／摩擦ブレーキ　217／直通空気ブレーキと自動空気ブレーキ　219／電気指令化　221／空気圧縮機と空気溜め　223／エアレスの動き　225／補助電源装置　225

17章　ISO 9001の認証取得..227
　　ISOとは　227／新京成電鉄のプロフィール　229／なぜISO 9001なのか　231／新京成の取り組み　233／息の長い活動が肝要　235

　ツールボックス
　　規制緩和と構造規則　26／学術用語について　52／桜木町事故　64／63形電車　88／国鉄気質　162／規格形電車　214

あとがき…………………………………………………	237
参考文献…………………………………………………	238
索　　引…………………………………………………	240

鉄道車両のパーツ
製造現場をたずねる

1章　ジャンパ連結器

ジャンパ

　鉄道車両でジャンパといえば，車両と車両の間をわたっている電線ケーブルのことである．1両だけで走る路面電車などを別にすると，一般に鉄道車両は連結されて走行する．つまり「列車」である．車両間はいわゆる連結器によって機械的に連結されている他に，電線と圧縮空気ホースが引き通されており，先頭車両や機関車で操作すると全車両に一斉にブレーキが作用するし，最後部の車掌のアナウンスが全車両に放送される．

　車両間の電線には大きく分けて3種類ある．第1は動力用の高圧配線，第2は制御用の低圧配線，そして第3は音声や画像，センサの出力などの弱電配線である．これには光ファイバや同軸ケーブルが使われるこ

ともある.

　先ず高圧配線だが，パンタグラフから取られた架線電圧そのままの電圧の配線（母線という）が動力車に供給されている．しかし最近の傾向として編成中のパンタグラフの数を極力少なくしているので，かなり遠くの車両まで高圧電流を届ける必要があり，中間の動力のない車両にも配線が通っている．また，母線と主電動機との間に主制御器があってここで主電動機に送る電流を制御しているが，近年の車両は電動車2両を1基の制御器で扱うのが普通だから，2両の電動車の間には母線の他に制御器の出力側の電流も流れる．その電車がVVVF制御であれば，U，V，Wの三相交流配線が3本通ることになる．

　つぎに車両に搭載された電動発電機や静止インバータによって低圧の直流や交流を発生させ，これで制御器を動かしたり，室内灯，冷房，ドアの開閉スイッチ（開閉そのものの動力は空気が多い）などを作動させる．電動発電機も全車両にあるわけではないので，低圧電源も配線で各車両に供給している．

　弱電系は近年とみに発展している分野で，例えば最近の電車では運転台に各種の機器点検結果が画像で表示される装置などが備えられているが，全車両のドアの開閉状況，室内の温度，乗車人員などの計測情報が両端の運転台まで送られているので，配線の数は増加の一途をたどっている．しかしあまり配線の数を増やすのも現実的に無理があるので，多重搬送などの手法で配線の数を抑える工夫がなされている．

ジャンパ連結器

　さて，こうした配線だが，車両の内部はダクトなどに収めて固定配線で行ってもよいようなものだが，機器の取り外しなどを考慮して機器の近くで配線が外れるようになっているのが普通で，家庭でいうプラグとコンセントのような電気連結器が機器の近くに設けられている．

　つぎに車両と車両の間は，運転上の都合や故障等で切り離すこともあるので固定配線というわけにはいかない．隣接する車両も，曲線，勾配などの線形や振動によって相互に揺れ動くので，上下左右の変位だけでなく，曲線区間で妻面が開いたりせばまったりすることから距離の変化にも対応しなければならない．そこで車両の端部間には，長めのケーブルを垂らして配線している．これがジャンパ線と呼ばれるもので，車両

1章　ジャンパ連結器

写真 1-1　ジャンパ線
コックのついた3本の空気管の先は機械式連結器に組み込まれているので，車両間はジャンパ線のみが渡っている．JR115系電車．

写真 1-2　ジャンパ線と空気ホース
手前3本が電気ケーブルのジャンパ線，奥の3本は空気ホースである．京成3500形電車．

写真 1-3　蓋を開いた状態の栓受け
左が主回路用1芯，その右が (6 + 49) 芯，(6 + 6 + 72) 芯の補助，制御回路用．長津田工場の東急9600形電車．

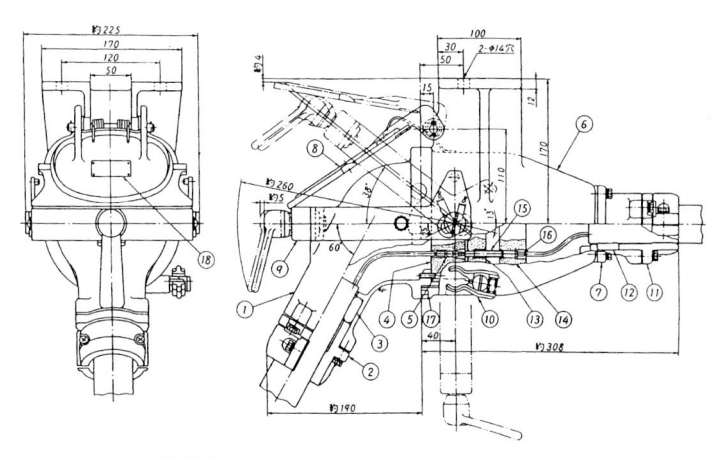

図 1-1 ジャンバ連結器
JIS E4202 の付図 1．例として 74 芯，電圧 100V，電流 10A のもので，制御，補助回路用である．

側の固定配線とジャンパ線との接続部分がジャンパ連結器という電気連結器である．ジャンパ線の端部に取り付けられたプラグを「栓」，車両側のコンセントを「栓受け」ともいう．

　ジャンパ線のケーブルは，一般の電線用ケーブルとは別物である．絶えず曲げ，ねじれをくり返す過酷な使用条件のため，素線径を細くしてしなやかにする一方，強度を持たせるため中心にピアノ線（鋼線）を入れてある．

　1 本毎の配線についていえば，棒状のピンコンタクトと筒状のプラグコンタクトというオスメスのコンタクト（接触片）の組み合わせで配線が接続される差し込み式と，棒状のピンコンタクトが押し合って接続される突き合わせ式とがあり，いずれも銅系の金属製で，プラグコンタクトの方は十文字にスリットを入れて開きやすくしてある．そして前記したように配線数が多いので，同レベルの配線をひとまとめにケーシングに植えつけ，複数本の配線をワンタッチで接続できるようにしてあり，これが栓であり栓受けである．したがって実際の車両の連結，解放では束になったジャンパ線を 2 本ないし 3 本つないだり外したりすればよい．車両側に設けられる「栓受け」の蓋を開くと，その中には絶縁台と呼ばれる絶縁物の上に，プラグコンタクトが縦横にびっしり並んでいる．そしてこれに差し込む「栓」にも同じ配列でピンコンタクトが植えられ

写真 1-4 EF63 形電機の栓受け
碓氷峠の補助機関車で知られた EF63 形電機は，普通電車，特急電車，気動車など，ここを通るあらゆる車種と連結するため，こんなに沢山の栓受けを備えていた（連結器の向かって左側）．

写真 1-5 300 系新幹線の母線渡り
16 両編成中パンタグラフは 2 個しかないので 25,000 V 60 Hz の架線電流は屋根上の母線を経て各車両に供給される．

ているから，ケーシングを嵌めこむ操作だけで複数の配線が同時に接続できる．周囲からの外力はすべてケーシングが受けるから個々の配線には外力は作用しないし，ケーシングは防水密閉構造であるから水の侵入はない．

　2本ないし3本のジャンパを嵌めたり外したりするだけでよいとはいってもジャンパ線や栓はかなりの重量であるし，特に接続する場合，完全に嵌まったかどうかの確認も必要である．差し込んだ栓が走行中の振動で外れることのないよう，栓受けにはU字形のアームが設けられていて，これを栓の上からかぶせ，ハンドルで締めつける．

　固定編成における車両間のように，日常的には接続，切り離しを行わない配線についてはジャンパ連結器が多少重くても，また多少手間がかかってもよいが，編成間の配線となるとそうはいっていられない．しかし前記の説明でもお分かりのように，編成間よりも固定編成における車両間，特に2両ユニットになった電動車間に配線数が多い．母線などは編成内のみで，編成間では渡さない会社も多い．

　機械連結器として密着連結器を使用する車両の場合などは連結器相互間がぴったり結合されることから，空気配管はもっぱら機械連結器に組み込んでホースの接続をなくしているし，電気連結器を機械連結器に併設し，車両の連結と同時に電気配線の連結も完了するようにして省力化を図っているのが普通であるが，これらについては，章を改めることとしたい．

製造現場を訪ねる

ジャンパ連結器

㈱ユタカ製作所

　㈱ユタカ製作所は，車両用の電気連結器を主要製品とするユニークなメーカーで，ジャンパ連結器に関しては90％以上のシェアを誇っている．社名は創業者の牧 豊一氏に由来する．その高崎工場は1965年の建設で高崎市郊外群馬八幡の工業団地内にあり，鋳造品や電線などは外注だが，あとの機械加工から表面処理，そして組立のすべてを行っている．

写真1-6

写真1-7

写真 1-8　鉄鋳物部品
手前は機械加工前，奥は加工済みである．

写真 1-9　マシニングセンタ
昼間のうちに 6 つのパレットをフルに活用して段取りしておけば，機械は 24 時間稼働だ．

　　栓や栓受けのケーシングは形状が複雑なのでアルミ鋳物，鉄鋳物などの鋳造品である．円筒形など，単純な形状のものは，極力ピンホールのおそれのない引き抜き材や押し出し材を使用する．鉄鋳物は今日ではズク（鋳鉄）やマレアブルはほとんどなく，ダクタイルである．取扱いを軽くするためアルミに材質を変えたくても図面の表示を直さないと変える訳にいかないので，やむをえず鋳鉄を使うというケースも多いという．
　　機械加工は 24 時間稼働のマシニングセンタが主力である．加工後の「ばり取り」は手作業になる．

写真 1-10　防食処理ライン
通路の左側にアルマイト処理，右側に鉄製品のパーカライジング処理の槽が並ぶ．

写真 1-11　塗装前のマスキング
塗装しない部分を粘着シートでマスキングする．

写真 1-12　塗装作業
カーテンの中は換気装置で集塵されている．

つづいて JIS に規定される防食処理が行われる．アルミ鋳物についてはアルマイト加工，鉄鋳物はパーカライジング処理である．そのあと吹き付け塗装される．

組立のための準備作業，例えばスプリングピンの孔明けなど，切粉の発生する作業はすべて別室で事前に行う．

つづいて組立作業になるが，これも電線の端部をほぐして端子を取り付ける作業と，こうした処理の終わった電線をケーシングに取り付けて行く作業とに分かれ，前者は主として女性が，後者は男性が担当している．手先の細かさと力仕事との特質の相違によるものだろう．

写真 1–13 コンタクトの組み立て作業
この機械で摺動部分に小さなコイルばねを挿入する．

写真 1–14 端子の溶接作業
端子と電線とを溶接する．

写真 1–15　製品の寸法検査
最新鋭，液晶表示のノギスも使われている．

写真 1–16　ケーブルの端末処理
ケーブルをほどき，被覆を剥がして端子を取り付ける．

印象的だったのは，端子を取り付ける際，回路種別を示すタグと同時に，作業者の名前を記入したラベルも被覆の表面に貼りつけていることである．後日問題が発生したときの調査に使うのはいうまでもないが，こうすることによって作業者の自覚が強まり，責任感が向上する効果の方が大きいだろう．

写真 1-17　柱受けの組み立て作業
最終製品の完成である．

技術棟と呼ばれる建物では製品の性能試験や特殊な製品のテストなどが行われているが、この日目についたのは実物大の車両端部模型を使った偏倚試験装置である．隣接する車両の曲線部における折れ曲がりを再現し，ジャンパ線の伸縮，周囲のエアホースや汚物タンクなどの機器との接触の有無などをチェックできる．

写真 1-18　偏倚試験装置
例えばボギー中心距離 13800 mm，連結面間距離 20000 mm の車両を想定し連結器長さ（両側合計）2000 mm とし，路線の最小曲線半径 100 m における各部の観察と計測を行う．

JIS (E 4202) により規定されたジャンパ連結器の試験項目は，互換性試験，温度上昇試験，接触抵抗試験，絶縁抵抗試験，耐電圧試験，振動試験，防水試験の7つである．6つ目までの項目は，国際規格 ISO 9001 の認証を取得したこの工場にすればとくに問題のないものと思われるが，防水試験だけは油断できない．JIS では「栓受けに栓を挿入した状態および栓受けだけを，水中1mの位置に15分間浸漬して内部への浸水の有無を調べる」となっているが，静的な浸漬試験はともかくとして，例えば新幹線の運転速度が時速 270 km から 300 km 台になると，浸水の危険性は飛躍的に増大するそうである．ここでは JIS の倍の 2 m まで浸漬できる水槽が設置されていた．

写真 1-19　防水試験水槽
窓の下端が水深 2 m である．

写真 1-20　取り付け試験用の連結器
各社の車両に対応していろいろな連結器が用意されている．

2章 電気連結器

密着連結器と電気連結器

　鉄道車両の連結器のうち,「密着式」と呼ばれるものは,進行方向にガタ(隙間)がなく,また両側の連結器が連結面でぴたりと接して,上下左右にずれることのない連結器である.代表的なものがいわゆる「密連」と称される回り子式連結器であるが,他にもヴァン・ドーン式,ウエスチングハウス式,トムリンソン式などの外国系の密着式もあり,また元来は自動連結器だが連結状態での隙間をなくした密着式自動連結器もある.

　これらの密着連結器は,空気管とともに電気連結器を組み込んで,機械式連結器の連結・解放と同時に空気管や電気回路の接続,分離を行うことができ,空気ホースならびにジャンパ線の取り付け,取り外し作業

を省略することが可能であり，営業列車の併結・分離を頻繁に行う路線においては，乗り心地の改善や騒音の軽減といった魅力の他に，停車時間の短縮や省力化という大きなメリットを持っている．そしてこの後者のメリット故に長年使用してきた自動連結器をわざわざ密着連結器に交換している会社も少なくない．

　ところで，ひとくちに密着連結器といってもその連結機構にはそれぞれ違いがあり，中には左右に首を振らないと連結できない構造のものもある．回り子式やトムリンソンなどは向かい合った連結器がそのまま合体するので問題がなく，特に回り子式は「案内」の突き出しが大きいので，かりに双方の連結器が正しく向き合っていなくても，比較的遠方から芯合わせが行われ，そのまま連結されるので，連結動作は最も安定している．トムリンソン式は連結面に短いピンが植えられているが，このピンが相手の孔にはまった時点で芯が合い，以後はそのまま接近する．

　ヴァン・ドーン式とウエスチングハウス式とは，連結される瞬間に首を振るので，その方向に合わせた斜めの面に電気連結器を取り付けなければならないという問題点がある．長年ウエスチングハウス式を使用してきたニューヨーク地下鉄で最近の新車にはトムリンソン式が採用されているのは，供給態勢の問題の他に，あるいは電気連結器や空気管の問題があるのかも知れない．

密着式自動連結器と電気連結器

　中京地区の大手私鉄である名古屋鉄道は，名古屋を中心としてその両側に扇状に広がる路線網をもち，しかも要である地下の新名古屋駅は線路が2本，つまり複線分しかないという制約から，複数系統の列車を併結して新名古屋駅を通過させ，枝別れの駅で分割するという運転形態を余儀なくされている．この会社は密着連結器に変えることなく現在でも密着式自動連結器を使用しているが，密着式自動連結器による連結・解放作業を自動化するという必要に迫られて生まれたのが名鉄式自動解結装置で，前章でご紹介したユタカ製作所他との共同開発品である．

　小径の接触子がせまい間隔でびっしり並んでいるという電気連結器の構造からすれば，両側の連結器の連結面が合体する連結完了位置よりも少なくとも数mm手前ですでに両側の連結器の芯が合い，以後横ぶれなしに接近することが望ましいのだが，ナックルの開閉動作で連結され

写真 2-1 回り子式密着連結器
機械式連結器の下部に電気連結器を取り付けている．この電気連結器はケーシング内にヒータを設けた凍結防止形．東武鉄道のもの．

写真 2-2 トムリンソン式密着連結器
連結面の向かって左は芯合わせのためのピン，右がピン孔，中央上下が空気管，下部に別個に電気連結器が取り付けられている．京都の京福電鉄（嵐電）のもの．

写真 2-3 ロンドン地下鉄の密着連結器
見かけはずいぶん違うが構造はトムリンソン式である．電気連結器は両側に縦向きに設けられている．

側面図

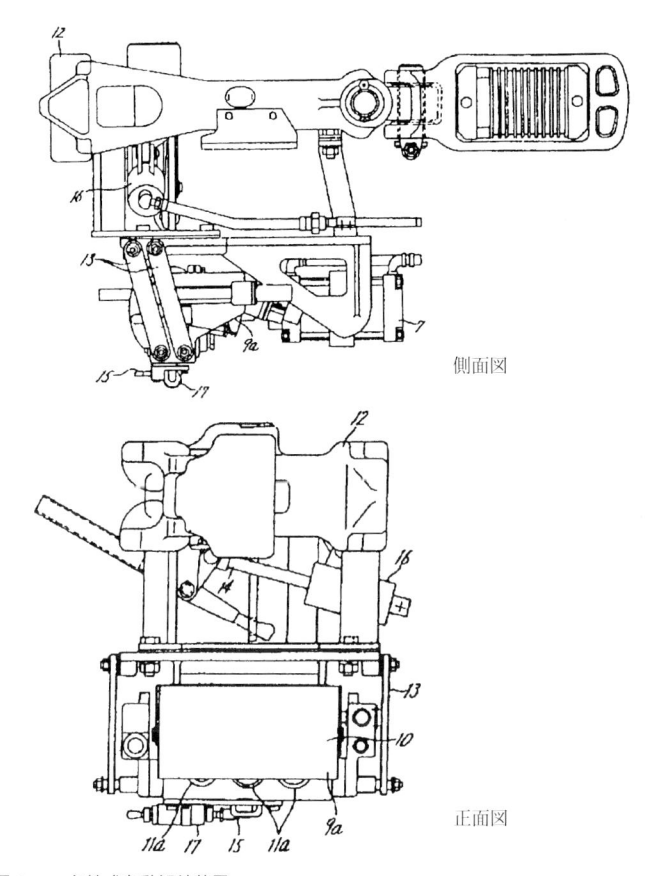

正面図

図 2-1 名鉄式自動解結装置
可動側の側面図と正面図．符号 10 は蓋，11a は空気管継手である．（実用新案公開公報昭 52-43206 号より）

る密着式自動連結器は，連結される最後の瞬間まで両側の連結器の向きが合わないので，通常の電気連結器を単に機械式連結器に付設したのでは電気連結器の接点が破損してしまい，実用にならない．そこでこの名鉄式では，電気連結器を機械式連結器に吊り下げてはおくものの，独自に進行方向に進退できるようにして，後退させた状態で車両の連結を行い，その後から電気連結器を接近させて接続するという構造が採られている．進退は両側で行わなくともよいので，名鉄では車両の向きを一定にし，片側（岐阜寄り）のみを進退式とし，残る片側は固定としている．

写真 2-4 ニューヨーク地下鉄の連結器
古い車両はウエスチングハウス式である.

写真 2-5 名鉄式自動解結装置
編成が切り離された瞬間.機械式連結器が解放される前に先ず電気連結器が解放される.電気連結器は連結していないときは連結面よりも後退している.

写真 2-6 二段式電気連結器
JR四国の6000系電車.上段が制御回路用,下段が三相用.

二段式電気連結器

　前記したように，車両間に引き通される電気回路は増加の一途をたどっている．そこで，同じ路線を走る車両でも新型車では在来車に比べて多芯の電気連結器を備えている場合がある．そのようなときは，一応在来車と同じ電気連結器を設け，追加された分は別の電気連結器にまとめて，二段構成とする．新型車同士であれば問題ないし，片側が在来車であれば，従来の電気連結器だけが接続され，新規分は接続されない．

　電気連結器には，内部の接点の保護のため，前面に蓋が設けられているのが普通である．脇に検知棒が出ていて，相手車両に同形の電気連結器があればこの棒が当たり，接近により棒が押されて蓋が開くようになっている．つまり同じ形式の電気連結器が向き合わない限り蓋が開かないのである．二段式はこの構造をうまく利用している．

空気管接続部

　回り子式密着連結器には開発当初から空気管の接続口が設けられ，連結と同時に空気管が接続されるようになっていた．自動連結器から進化した密着式自動連結器でも，せっかく密着式になったのだから，というわけで空気管の接続を図っている例がある．前記の名鉄式は当然，電気連結器のケーシングの内部に空気接続口を設けているが，その他の路線でも，JR貨物の高速貨車など，密着式自動連結器本体に直接空気接続口を設けているものがある．

　急勾配で知られた山陽本線の瀬野～八本松間で，後部に連結された後押し機関車を平坦区間に入って走行中に切り離すということが長年行われていたが，ここに配置されたEF59やEF67といった後押し専用の電気機関車には，東京寄りの連結器に自動解放装置と併せて空気管接続口が設けられていた．なお，旅客列車の電車化，貨物輸送の減少，強力機関車の登場などの諸情勢によりこの後押し機関車も過去のものとなった．

　車両間に引き通される空気管は，主としてブレーキ関係のものである．1本だけ通っている一般の貨車などではそれは「ブレーキ管」であり，ブレーキ操作によって内部の空気圧が変動する．2本の場合は「元空気溜め管」というものが付加されている．これは空気圧縮機で圧縮した空

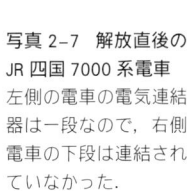

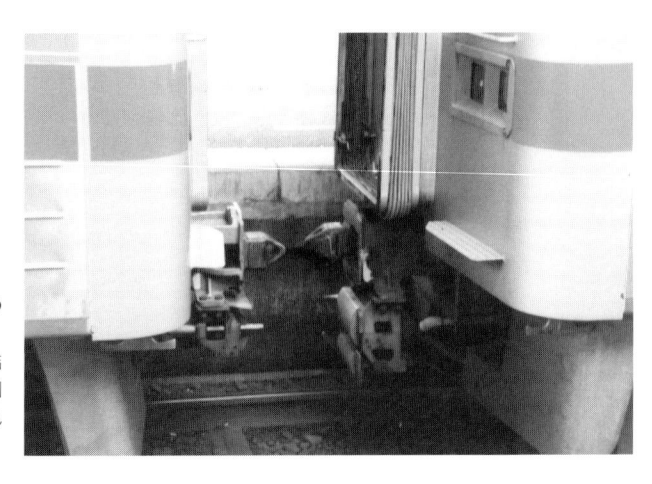

写真 2–7　解放直後の JR 四国 7000 系電車
左側の電車の電気連結器は一段なので，右側電車の下段は連結されていなかった．

写真 2–8　EF67 電気機関車の連結器
東京寄りの連結器のみ，自動解放装置付きで 2 本の空気管接続部がある．

気を溜める元空気溜めに通じる配管で，その圧力は通常一定範囲に保たれている．この管が通っていれば空気圧縮機のない車両でも圧縮空気が利用できる．一般の電車のように3本通っているのは，これらのほかに「直通空気管」というものが増えているのである．回り子式密着連結器でいえば，中央上部にあるのがブレーキ管，中央下部にあるのが元空気溜め管で，直通空気管のある連結器では上部両脇に2ヵ所に分けて接続口がある．この2ヵ所はY字管によって導通しており，片側としないのは連結器に方向性を持たせないためである．

接続口の先端にはリング状のガスケットが嵌められているので，これを押しつけることによって接続部の気密性が保たれる．ガスケットが押される最後の瞬間に接続部が合わさればよいので，電気接点のような神経質な配慮は必要としない．

余談になるが，1860年代にアメリカのウエスチングハウス（George Westinghouse）によって開発され，今日世界的に採用されている列車の空気ブレーキは「自動空気ブレーキ」と呼ばれ，ブレーキ管内に元空気溜め圧の空気をこめておき，運転手の操作でブレーキ管内を減圧することによって作動する仕組みである（詳しくは16章を参照）．したがって万一ブレーキ管が空気洩れを起こせばブレーキがかかってしまうから列車の連結が外れ，連結部の空気が洩れると非常ブレーキによって停車するので，「フェイルセーフ」の好例として挙げられるシステムである．

製造現場を訪ねる

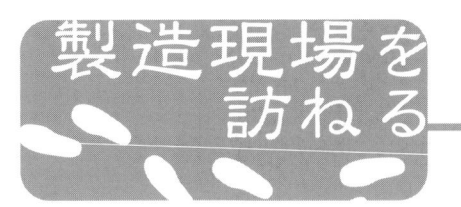

電気連結器

㈱ユタカ製作所

連結締切装置

　電気回路も空気管も，実際の連結・解放作業の瞬間には連結器部分では回路が閉じていることが望ましいから，電気・空気双方を一斉に入り切りするための「連結締切装置」が設けられる．空気管でいえば列車の先頭にあるときは連結器の手前の車両の端部で管路が閉じており，相手車両と接続されてから管路が開く．分離するときはまず車両の端部で管路を閉じてから接続部が切り離されるのである．機械式連結器の連結・解放操作は運転台からの遠隔操作で行うものが多いが，連結締切装置は通常これに連動している．

　空気ホースを人間が接続・切り離しする場合には，ホースの根元にある「肘コック」がこの役目をするが，もしもホースだけ連結して肘コックを開くのを忘れたら，そこから先の車両にブレーキが作用しないという重大事態となる．自動化によってこのような人為的ミスも防止できる．

　なお，製造現場の写真は前章でご紹介ずみなので，ここでは連結締切装置の組み立て作業のみをご覧に入れる．

写真 2-9　列車解結操作スイッチの組み立て作業
運転台から列車の連結・解放を行うスイッチで，電気・空気回路の連結締切装置と連動する．

2章　電気連結器

写真 2-10　技術棟の試験台に取り付けられた連結締切装置

—— ツールボックス ——

規制緩和と構造規則

　かつての運輸省は，規制のやかましいことで有名であった．田舎のバス停を10m移動するのにも認可が必要であったといわれた程である．ただしそれはいわゆる民間の運輸業者に対する場合であり，以前の国鉄に対してはいわば運輸省と対等の存在だから規制する法令も異なり，大甘だったようである．余談になるが，おかげで民鉄の場合は過去の工事記録などを調べるのに役所へ行けば詳細な書類が残っているが，国鉄関係は記録がなく，鉄道史の研究者は難儀するそうである．

　本書のテーマである車両のパーツに関しては，かつては，ハード面では「普通鉄道構造規則」，ソフト面では「鉄道運転規則」（いずれも運輸省令）によりこと細かに規制されていたが，昨今の規制緩和の流れによってこれらが大幅に改正され，安全上よくよく肝心の事項を除き運輸業者の自己管理に任されるようになった．『鉄道六法』の頁数で見ても，上記両省令が合わせて約130頁あったのに対して，これらを1本にまとめた現行の「鉄道に関する技術上の基準を定める省令」（国土交通省令）ではわずかに17頁にすぎない．運輸業者ではない単なる法令の「読者」にとっては物足りないことおびただしいのである．旧省令ならほとんどのパーツが網羅され，それぞれがどうあらねばならないかが列挙されていたので，事典的な面白さがあったといえる．したがって本書ではあえて廃止された旧省令を引用したケースが多い．

（本項は必要上，姉妹編の『パーツ別電車観察学』に掲載のものと内容が重複することをお許しいただきたい）

Tool Box

3章 連結部の幌

幌の役割

　鉄道車両の幌(ほろ)(vestibule diaphragm, bellows)は，車両端部の貫通路を覆う囲いである．連結器やジャンパケーブルなどと同じように，幌の場合も，列車の先頭部と編成内の連結部とでは事情がかなり異なる．

　旧・運輸省令である「普通鉄道構造規則」ではその第193条で「貫通口および貫通路」について規定していた．貫通口は車体妻面の開口，貫通路は両側の貫通口間の通路である．幌はその4項の四，貫通路の要件のところで，

　　「旅客が振動，衝撃等により転落又は転倒することなく安全な通
　　行ができるようにほろ，渡り板等を設けること.」

写真 3-1 幌落成品置場
整備の終わった幌が種類毎に保管されている．JR東日本の大宮工場で．

写真 3-2 幌のない貫通路
渡り板，手すり，チェーンはあるが幌がない．箱根登山鉄道ではカーブがきついので貫通路は通常は通行禁止のため，幌が設けられていない．

写真 3-3 旧型客車の貫通路
車両の向きが一定とは限らないので2枚幌を使用し，デッキ構造のため貫通扉はなく，渡り板を立てただけの吹きさらしだった．

とある．車両間の貫通路はもとより，複数の行先の列車が途中まで併結されるような路線においては，先頭部といえども連結によって編成中間となり，貫通路が形成されれば，幌の設置が必要となる．なお，本書では漢字の「幌」を用いるが，当用漢字にないためか，法令，JIS ともにひらがな書きである．古くは「母衣」と書く武具のほろもあった．

　幌は，貫通路を通行する人の安全を確保し，雨風に触れないようにすることが主たる使命であるが，人が通行する際に外気（蒸気機関車の時代であれば煤煙も）が客室内に侵入しないように一応の気密を保つこともその役目である．

　一般のボギー車の場合，貫通路の前後にある車両の端部は連結器で連結されているものの別の車両の一部だから走行中の挙動は別々であり，上下左右に変位するばかりでなく連結器の緩衝ばねによる進行方向の伸縮，曲線通過による折れ曲がり等，複雑きわまる動きをする（これに対して連接車の貫通路は，上下左右の動きがなく，曲線にしたがって優雅に折れ曲がるだけなので，全く対照的である）ので，幌はこれに追随できる構造でなければならない．したがって通常，ひだ数の多いゴム製の蛇腹が採用される．幌にとっては貫通路の幅がせまい程，また長さが長い程こうした対応が楽であるといえる．設計上もっとも苦しいのは幌の下部で，貫通路の渡り板（正式名称は桟板）と下方の連結器との間のわずかな隙間の中で幌が動けるためには，あまりひだが垂れ下がっては困るのである．

　列車の編成が日によって変わり，編成中の至るところに運転台のあった時代はともかく，最近の車両はほぼ固定編成に組まれ，一部の路線では先頭部は半永久的に先頭部であり，また路線によっては固定編成同士が日常的に連結・解放を繰り返している．半永久的な先頭部分にはそもそも幌は必要ないし，連結・解放を繰り返す路線でも先頭になっているときは幌は使用しないわけであるが，先頭部の話は後回しにして，今回は編成中間の常時連結されている部分の幌を取り上げてみよう．

桜木町事故と幌

　まだ占領下の 1951（昭和 26）年 4 月 24 日に発生した当時の国電京浜東北線の桜木町事故はその後のわが国の鉄道車両に数多くの教訓を残したが，連結部貫通路のドアを内側に開く開き戸から引き戸に変更して

写真 3-4　連結状態の 2 枚幌
両側の幌を延ばし，幌枠を連結する．幌枠を幌吊りで吊り上げている．

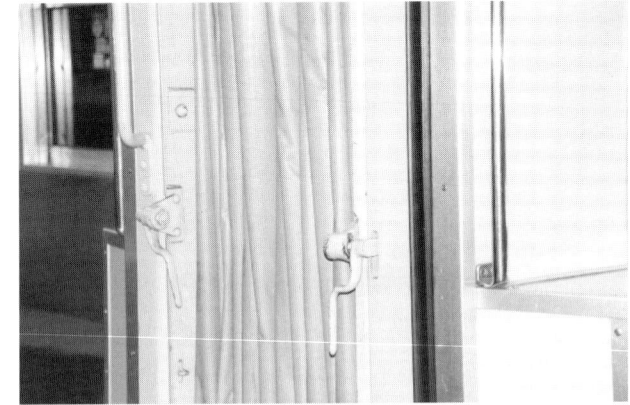

写真 3-5　連結状態の 1 枚幌
幌の両端の幌枠が前後の車両の幌受けに連結されている．取り外しが容易なので予備品との使い回しもできる．

写真 3-6　ゴムチューブ式幌
門形に取り付けた 3 本のゴムチューブで幌を構成している．ロシア国鉄の客車．

幌を設けるようにしたこともそのひとつである．もっともわが国の幌の歴史がこれに始まるわけではなく，客車にはもともと幌があったし，関西地区には国鉄・私鉄を問わず幌を備える電車が戦前から多数存在してはいたが，電車・気動車に全面的に採用されるようになったのは何といってもこの事故以来のことである（桜木町事故については64頁参照）．

　昔の幌は，両側の車両それぞれに取り付けられていて，先端の幌枠同士を連結して接続する構造のものが多かった．これを「2枚幌」という．桜木町事故以後に国電に採用されたのは片側の車両にしか幌がなく，これを延ばして相手の車両の幌受けに連結する1枚幌である．もっともこれは原則として車両の向きが決まっている電車，気動車の場合であり，客車ではいまだに2枚幌も使われている．

幌の構造

　わが国でもっともよく見られる幌は蛇腹構造で，1枚幌でも2枚幌でも，これを引き延ばして先端の幌枠を相手の幌枠，あるいは相手車両の幌受け枠に連結するのである．幌枠の数箇所にレバー状の連結金具が配置され，また芯合わせのためのピン，ピン孔なども設けられている．

　わが国ではあまり採用されていないが，幌そのものをゴムチューブで構成してそのふくらみ力で相手側に押しつけたり，通常の蛇腹式2枚幌でも機械ばねで押し出して，両側の幌が押しつけ合っているのみで幌枠が連結されていない構造のものも外国には多い．これらは連結する作業が不要である．

　幌の本体とも言える蛇腹は，幌地に幌骨を縫い込んで筒状にしたもので，両端はねじ止めで幌枠に固定されている．幌地は以前は帆布にゴム引きしたごわごわして破れやすいものだったが，現在は塩化ビニルまたはゴムのシートである．取扱いやすさという観点から幌には軽量化が要求され，最近では幌骨には鋼棒に代えてFRP（繊維強化プラスチックス）なども使われる．幌枠もアルミ系である．

　蛇腹がレール方向に縮んだ場合は幌骨同士が接近してその間の幌地が垂れ下がり「幌ひだ」が発生するが，231系等のJRの新しい電車に使用されている幌は幌地自体に伸縮性のある伸縮布（ストッキング地にゴムをコーティングしたようなもの）を使用し，幌地が縮むだけで幌ひだが発生しない．この幌は幌骨とはリベット止めしてミシン加工もなくし

写真 3-7 板ばね押し出し式幌
わが国では採用例は珍しい．新京阪のデイ100と呼ばれた電車で，これは宝塚ファミリーランドの保存車体．矢印が板ばね．

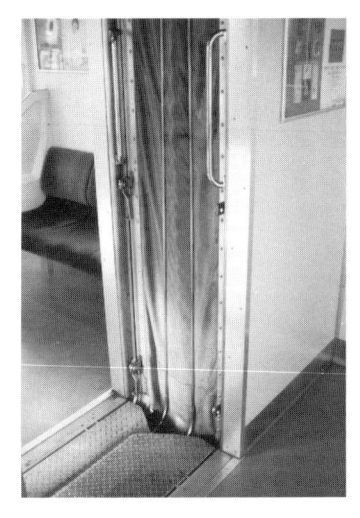

写真 3-8 伸縮布を使用した幌
幌地自体が伸縮してひだが生じないから幌骨も少なくて済む．これはJR東日本の209系電車．

写真 3-9 新幹線の内幌
ゴムで一体に成形したダイアフラム形のものを中央で連結している．

ている．また，新幹線車両の内幌として使われる幌は，全体をゴムで一体に成形したタイヤのようなダイアフラム形の2枚幌で，先端部分で結合されている．この幌は貫通路からはパネルに隠されて見えないが，ホームから連結部を観察すれば見ることができる．

2枚幌の場合は幌全体が妻面に片持ちで取り付けられているため，先端の幌枠を吊り上げる幌吊りが必要である．また1枚幌，2枚幌ともに不使用時には折り畳んだ状態で妻面に固定できるよう，幌枠にはフック等の固定手段が設けられる．

蛇腹の屋根部分は縫い目等からの雨の侵入を防止するため，2重構造とするのが普通である．逆に底の部分には水抜き孔が設けてある．ただし新幹線用は気密構造のため水抜き孔はない．なおこの水抜き孔は清掃作業の際の水が残らないようにするためであり，若い母親が貫通路で幼児におしっこをさせることを予想しているのではない．

写真 3-10 中垂れ防止装置
マジックハンド形のリンクアームで中間の幌骨を吊り上げている。これは阪急電車のもの。

写真 3-11 中垂れ防止装置
渡り板を3枚構成とし、中央の板で幌の重量を支持している。これは名鉄の3100系電車。

写真 3-12 明るい貫通路
貫通ドアの通路側も室内と同じ木目模様で、照明もついている。これは阪急京都線の特急電車。

中垂れ防止対策

　1枚幌でも自重によって中央部分が垂れ下がるのはある程度やむを得ないことではあるが，何しろ幌と連結器の間に余裕がほとんどないので，垂れ代(しろ)をなるべく少なくする目的で幌骨の上下を交互に接合して重量を隣の幌骨に順次支持させるようにした「連鎖式」と称するものや，幌の外側に重量を受け持つ伸縮式のアームを取り付けたもの，稲妻形にばね線を組み合わせた重量支持用の骨を幌骨とは別に取り付けたもの，渡り板を3枚で構成して中央の板に幌の重量をあずけるものなど，いろいろな工夫が見られる．

貫通路を室内なみに

　幌には，難燃性，軽量，耐久性などが必要ではあるが，近年ではそれらに加えて，防音性や室内なみの美観などの一見無理なことまでも要求されるようになっている．

　貫通路は本来非常用の通路であり，両側の車両の妻面にドアがあって内部は薄暗かったが，近年ではここを室内の一部とする認識が高まり，ドアのガラスを大きくしたり貫通路内に照明を設けたりして明るくする工夫がなされているし，通り抜ける際の乗客の負担を軽減するため，ドアを全くなくしたり片側のみとする車両が増加している．そうなると貫通路部分の騒音がまともに室内に侵入するので，これを少しでも幌で食い止めてほしいということから，幌にも防音性が要求されるようになった．新幹線等で「携帯電話はデッキでご使用ください」といっている手前，デッキが騒々しくては困るという事情もある．周囲の寸法に余裕があれば幌を内外二重構造とするのがよいが，防音には質量が効くから，軽量化には反するけれども，鉛入りの幌地などもテストされているという．

　また，貫通路の室内なみ化の一環として，一部の特急用車両などでは幌の内側に金属等の化粧パネルを取り付けて蛇腹を隠すことも行われている．

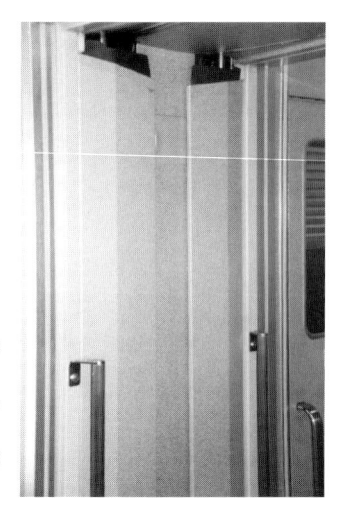

写真 3-13 新幹線貫通路の化粧パネル
渡り板を縦向きにしたような化粧パネルで，写真 3-9 の内幌を隠している．

写真 3-14 車体幅一杯の貫通幌
連接部にもシートを配置した京成の連接バス．

写真 3-15 広幅の貫通路
隣接する車内が一体となり，解放感がある．遠州鉄道の電車．

広幅貫通路

　貫通路の幅は構造規則で 550 mm 以上とされているが，車椅子が通れるように，という声もあり，一般には 700 〜 800 mm ある．これよりさらに広いものは「広幅貫通路」といい，わが国では 1934（昭和 9）年登場の阪急 920 系（2 両固定編成，貫通路幅 1,080 mm）電車がさきがけとされる．貫通口を大きくすることによって隣接車両との室内の一体感が得られる．とくに連接式の車両ではどうしても車体長が短くなるので，連接部に広幅の貫通路を設けて閉塞感をやわらげる例が多く，構体断面とほとんど同じ大型幌も見られる．幕張メッセ付近を走っている京成の連接バスは，こうした大型幌の内側に片側 2 席計 4 席のシートを設け，2 車体の室内を視覚上一体化している．

　一般に広幅の貫通口には戸がつかないので，あまり長編成でこれをやると冬季に車内を冷風が通り抜けるという問題があり，適当なところで戸のある普通幅貫通路を設けるようにしている．

写真 3-16　連結部を見せて走り去る回送電車
朝のラッシュが過ぎ，伊予鉄道松山市駅で切り離された 1 両が車庫のある古町まで回送される．電車が運転台もない連結部を見せて本線を走っているのはかなり異様な光景である．

4章　先頭部の幌

編成の先頭部

　固定編成の先頭部は，他の編成と連結されるときだけ中間になり，それ以外のときは先頭である．

　編成中間となったときに，
　　a）非貫通のまま
　　b）乗務員だけが（非常時に）通行できる
　　c）乗客が通行できる
という3とおりの扱い方がある．

　トンネル内の火災などが懸念される地下鉄の車両を除いて，一般の車両は先頭部分からの出入りは特に必要ではないので，運転室を広くとりたい，あるいは空気抵抗を減らしたい，デザインを優先させたい，など

さまざまな理由から先頭が非貫通構造となっている車両も多い．運転上の支障がなければ，非貫通のまま連結運転することも勿論可能である．新幹線車両は高速走行のため先頭を極端な流線型としているが当然非貫通構造であり，山形，新庄行きの「つばさ」や秋田行き「こまち」が盛岡，八戸行き列車と連結されて走る場合でも，連結部は非貫通のままで通行できないのはいうまでもない．

　a）の非貫通構造だと，乗客や乗務員に限らず，例えばこの列車が車庫に入っている場合に，車内の清掃や点検を行う作業員が編成の切れ目でいちいち車外に出なければならないといった不便さもある．

　b）のケースでは貫通路，手すり，桟板は備えるものの幌を設けない場合がある．c）の扱いをする場合のみ，幌が必要となる．

　小田急電鉄の箱根湯本行きと江ノ島行き急行は新宿から途中駅の新松田までは併結されているが，連結部分に幌はなく，乗客は通行できない．同じ JR 東日本でも，常磐線の中距離電車は編成間を幌でつないでいるが，湘南電車の基本編成と付属編成の間には幌がない．

先頭部の幌

　先頭部分の幌は，先頭に出ているときは使用していないわけであるが，不使用時については，

- d）取り外す
- e）車両から突出して取り付けたまま（1 枚幌ならば編成の片側のみ）
- f）車両の前面に面一となるように埋め込む
- g）車両前面に収納してドアでふさぐ

という 4 とおりの扱い方がある．

　d）は手間がかかるし，外した幌の管理も厄介だ．

　e）の外付けは一番簡単ではあるが，空力的に見れば幌が走行抵抗を増加させるだろう．運転手からの視界に幌が入って目障りだという話もある．ただし 1 枚式で幌のない側については問題ない．

　f）の埋め込み式は畳んだ状態で幌枠が車両の前面に面一となるように，幌を畳んだ寸法だけ車体の前面を凹ませておくことが必要である．1957（昭和 32）年登場の名鉄モ 5200 形あたりが最初ではないかと思われる．何社かが追随したが，鋼製構体の時代には，この凹ませた部分の

写真 4-1 新幹線の編成間連結部
E2系「やまびこ」に連結されて東京に向かうE3系「こまち」．連結部は通行できない．

写真 4-2 編成間を通行させない湘南電車
終点まで行く基本編成と途中で切り離される付属編成との間には幌がなく，通行できない．

写真 4-3 編成間を通行できる中距離電車
常磐線の中距離電車では幌を連結して通行可能としている．JRグループとしてはJR東海をはじめ，こちらの方が主流のようだ．

水気が抜けず腐食が激しいことから，車体更新の際に e) の形状に改造されてしまう例が多かった．最近，ステンレス車体の増加もあって腐食対策が進んだため，g) の完全収納までは必要ないという車両について，埋め込みタイプが再び採用される傾向にある．

　g) は 1967（昭和 42）年秋に登場した国鉄の 581 系（「月光」形）寝台特急に始まるボンネット形特急電車や，「月光」形にややおくれて同じ 1967 年末に近鉄名阪間に投入された 12000 系（スナックカー）などの近鉄特急に採用された幌構造で，収納状態では幌は f) の埋め込み式よりもさらに深く収納され，2 枚のプラグドアによって完全に隠されて見えなくなる．前面に多少の傾斜もつけられるので，美観上も空力的にももっとも優れているが，コストが高いのも間違いない．だから JR 東日本の成田エキスプレスのように路線の看板車両である特急電車ならばよいとしても，ニュータウンの通勤路線である大阪の泉北高速鉄道の 6 両や 4 両編成の電車がこの収納式を装備しているのは，やや過剰設備のように思われる．e) か f) で十分だろう．

　収納式の場合は幌が車体前面の収納室に深く収納されるため，ここから幌を引き出して相手側車両に連結すると，曲線区間で大きく偏倚したとき，幌が車体と接触するおそれがある．このため，幌に中枠を設けて幌布を短い後部幌布と長い前部幌布とに分け，中枠はガイドレールにより直線的に前後動するようにし，前部幌布のみで偏倚に対応するように工夫されている．

写真 4-4 「ワイドビューひだ」号の分割
この先富山まで行く前方（写真左）の編成と高山止まりとがここ高山で分割される．まっさきに幌が離され，ついでジャンパ線やホースと連結器の解放作業に入っている．

写真 4-5 「ワイドビューひだ」号の分割
富山行きが完全に分離し，間もなく発車である．こうして見ると，流線型の前面デザインだけに幌枠がやや不似合いだ．

写真 4-6 初期の埋め込み式幌
名鉄の特急用 5200 系電車．当時はまだ 2 枚幌で，編成両端の貫通路部分に埋め込まれている．

写真 4-7 最新型の埋め込み式幌
名鉄特急用 1600 系電車．新岐阜方前面に幌が埋め込まれ，図 4-1 に示した自動幌連結装置が装備されている．構体は鋼製である．

4 章 先頭部の幌

43

写真 4-8 泉北高速鉄道の収納式幌
この程度の流線型でしかも通勤電車として収納式はぜいたくすぎる．正面中央が分割式プラグドアの幌カバーである．

写真4-9 Amtrak「メトロライナー」の収納式幌
アメリカ北東回廊線に1967年に登場した特急電車．正面の2枚のドアの奥に幌が収納されている．

写真4-10 「メトロライナー」の収納式幌
2枚のドアが左右に開いて幌が姿を表したところ．ワシントン・ユニオン駅の光景．(1975年撮影)

写真4-11 ガイドパイプ式幌出し入れ補助装置
下向きに収納されているガイドパイプ(矢印)を起こして相手車両にかけ渡し，その上に幌枠をすべらせる．東武の新しい車両が標準装備している．

幌の出し入れの自動化

　埋め込み式や収納式における最近の傾向は，前面ドアの開閉，幌の拡張と収納，相手車両との幌の連結などの一連の動作をすべて自動で行う「全自動化」志向である．幌の拡張には相手車両から引き寄せるものと自車から押し出すものとがある．また，埋め込み式や収納式に限らず外付け式でも，力仕事である幌の出し入れのみを自動化し，他の作業は人間が行うという「半自動式」もあれば，JR九州の電車のように，幌の出し入れは手動で，幌枠の連結装置の施錠，解錠の操作のみをアクチュエータにより自動化している例もある．

　自動化ではないが幌の出し入れを楽に行うための工夫もある．東武鉄道の外付け式幌で見られるものは，幌を出し入れする際にガイドパイプを引出して車両間にかけ渡し，これに重量をあずけて移動させ，移動完了後はガイドパイプを収納するというもので，作業はあくまで人が行うのだが，その際の労力を軽減している．

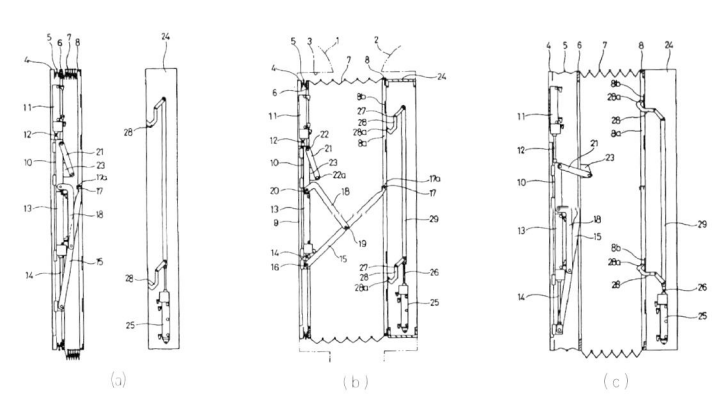

図 4-1　車両用自動幌装置
収納式自動幌の一例．特許公開公報 2001－1891号（成田製作所ほか）より．
(a) は連結前の解放状態，(b) は連結動作が開始され，幌が延びて相手車両の幌座に達したところ．(c) は幌枠がロックされた連結状態．
符号 4 は左側車両の収納側幌座，5 は後部幌布，6 は中枠，7 は前部幌布，8 は幌枠，24 は相手側の幌座，15 は幌支持腕，28 はロック用のフックである．
幌の引出しのために幌支持腕 15 が使用され，幌が相手側幌座に達したら幌支持腕 15 は収納される．

製造現場を訪ねる

幌

㈱成田製作所

㈱成田製作所は 1938（昭和 13）年に成田　林氏によって設立された車両部品メーカーで，戦後の 1946（昭和 21）年から幌の製造を手掛け，現在では輸出用車両を含め，わが国の鉄道車両の幌の 90％を生産している．とはいっても幌だけではそれほど大きなマーケットではないので，同社では車両用ドアや空調ダクト，燃料タンクなどの板金製品のほか，オートバイ部品などを手広く製造しており，幌は売上の 10％に過ぎないという．

幌を製造する御津工場は愛知県宝飯郡御津町，御油や赤坂の宿にほど近い旧東海道沿いの静かな集落に接する山ふところにあって，同社の中核として 1961（昭和 36）年の竣工，敷地 3 万平方メートル，従業員 180 名程である．

写真 4-12

写真 4-13

写真 4-14 幌枠の部品
プレス加工とスポット溶接で幌枠を構成する部品が作られる.

写真 4-15 幌枠の部品
孔明けする部品にセンターポンチを打つ.

　　　　板材や型材を切断したり打ち抜いたりするシヤリングやパンチプレスなどの設備は他の製品とも共用だが，幌そのものの組み立てエリアは工場のほんの一画に過ぎず，幌骨を幌地に縫い付けるミシン加工機と，幌を縦向きに吊って組み付けを行うスペース，小物部品を組み立てるコーナーがある位である.
　　　　あいにく，この日製作していたのはごく平凡な構造のもので，自動式幌などの機械的な部分の組み立て作業を見ることはできなかった.

幌骨のミシン目の部分に雨洩り防止の塗料を塗る作業が行われていたが，隣にあった伸縮布を使用する幌の場合は幌骨はリベット止めでミシン加工はないから，この作業は必要ないことになる．組み立てエリアから少し離れた一画には，実物大の車両妻部に幌を取り付けて各種試験を行うコンピュータ制御の試験機が数基並んでいた．

写真 4-16 幌枠の寸法検査
接合された幌枠の寸法を検査する．

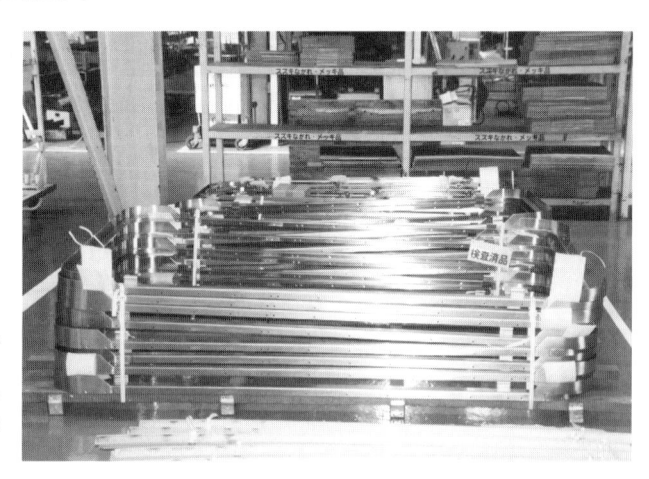

写真 4-17 検査済みの幌枠
発送のためパレットに載せて結束されている．

写真 4-18 吊るされている幌枠と幌骨
鋼棒の幌骨の中に白色のFRPのものも混じっている.

写真 4-19 幌布の罫書き作業
幌骨を縫い込む位置にマークを罫書く.

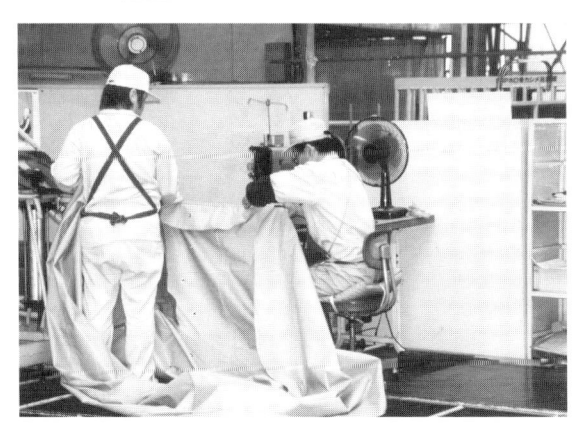

写真 4-20 幌骨の縫い込み
幌骨を入れて両脇をミシン掛けする.

4章 先頭部の幌

写真 4-21　ミシン目の防水処理
ミシン目に沿って防水剤を塗布する．左手前が屋根部分．

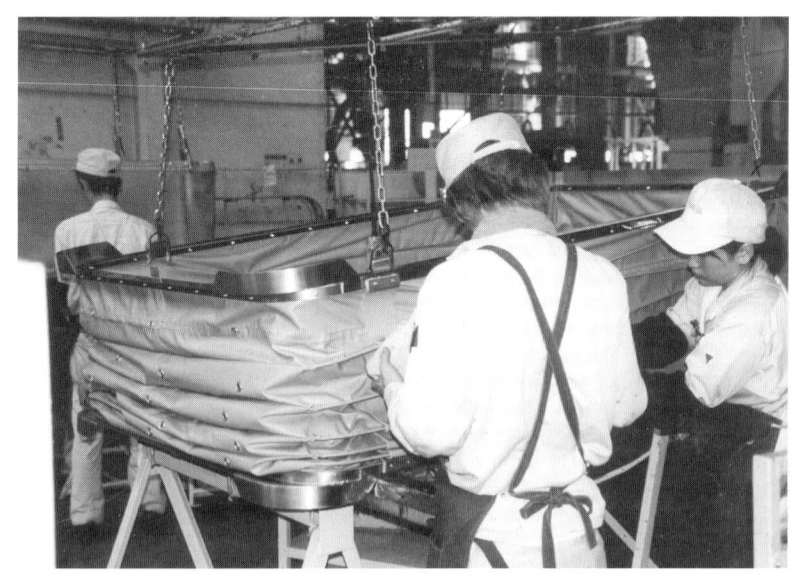

写真 4-22　ミシン目の防水処理
同じ作業．左手前が底部分．水抜き孔が見える．

この工場の品質管理は充実している．それは設備の名称を記した看板や部品の置き棚，通い箱，整理整頓されたピカピカの床面などからもうかがうことができるが，すでに1997年にISO 9001の認証を取得しており，訪問した2002年9月にも再度受診するとのことで，準備が進められていた．

写真4-23　幌の取り付け試験装置
車両端部の実物大模型に幌を取り付けて各種試験を行う．

写真4-24　民家の玄関脇に幌が
住宅風の入り口脇に置かれているのは，まさしく電車の幌である．幌のほかにもカーテン，天幕などのシート製品の補修を専門としている．（東京都北区志茂の川尻工業㈱で）

―― ツールボックス ――

学術用語について

　本書のカタカナ言葉の掲載で目障りに思われた方があるかもしれない．例えば「モーター」というのが新聞はじめ日常一般的なのに，最後の長音記号がなく「モータ」となっていることである．これは日本機械学会をはじめとする多くの学会が「学術用語」について定めている表記法によっているためである．本書を学術書と気取るつもりはないが，著者を含め一般の「技術屋」は日頃この用語で教育され，使い慣れているので本書もこれに従ったまでである．

　ちなみにその表記法は，「英語で -er，-or，-ar となる外来語のカタカナ表記は，2 音節以下の語を除き，末尾の長音記号をつけない」というものである．したがってコネクタ，ダンパなどと書く．エネルギーは -gy だからこれに該当しない．なお，「アンカー」，「タンカー」などは例外で，長音記号をつける．あんか，担架などという日本語があるからだろうか．地名・人名も適用外である．

　ついでだが，「型」は「金型」など型そのものを表わす場合のみ使用し，「63 形」，「ひし形」のように形式や形状を表わす場合は「形」の字を用いる．

―― Tool Box ――

5章　連結部の外幌

車両間の間隔

　これまで見てきた連結部の幌は，車両間を通行する乗客や乗務員を保護するために貫通路を囲んで設けられるものであった．これに対して，貫通路よりもはるか外側の車体表面に近くに設けられる幌がある．形状的に幌というイメージから遠いものも含めて，「外幌」という．

　その目的は2つのことが考えられる．第1は，車体の連結部を車体断面に近いもので覆い，連結部分を一体に見せると同時に高速走行時の空気抵抗を減少させようとするもので，戦前の満洲を走った特急「あじあ」号をはじめ，連接構造のため車体間の切れ目の多い小田急ロマンスカーなどにもその例を見ることができる．この目的の外幌はいわゆる蛇腹構造のほか，単なるシート状のもので構体の屋根部分と側面とを覆っ

5章 連結部の外幌

写真 5-1　東急玉川線 200 形の外幌
玉電 200 形は 2 車体の連接車で，連接部にはシート状の外幌が取り付けられている．東急電車とバスの博物館に保存されているデハ 204 号．

写真 5-2　東京地下鉄道の折り畳み柵
連結時は引き出して先端を相手側に固定する．地下鉄博物館の 1001 号車．

写真 5-3　ボストン地下鉄の折り畳み柵
両側車両の折り畳み柵がばねで押されて隙間をふさぐ．先頭になったときにやや目障りだ．

て車両間の隙間をなくしたり，中央をファスナにして分離を容易にしたものもある．

　第2は，ホームの乗客が車両の連結部分の開口から線路へ転落するのを防止する目的のもので幌状のものに限らず柵の場合もあって転落防止柵ともいい，ニューヨーク地下鉄をお手本にしたわが国最初の地下鉄，上野〜浅草間の東京地下鉄道1000形車両に採用され，1934（昭和9）年の連結運転開始時から使用されたものが国内初のようである．この現物は「地下鉄博物館」に保存されている1001号車で見ることができる．高圧電流の流れる第三軌条が存在するため，線路への転落が一般の鉄道以上に危険であることから地下鉄においていち早く採用されたものと思われ，大阪地下鉄でもかつてこれと同様のものを見ることができたが，保守が厄介なのか，わが国ではいつの間にか姿を消してしまっていた．アメリカの地下鉄では折り畳み式の柵が現在でも使用されている．両側の柵がばねで押しつけ合っているものと，柵の先端が連結されているものとがある．しかし転落を防止するためだけなら単に車両端面間にチェーンを渡しておくだけでもよいわけで，実際外国にはそういう例も見受けられる．

　わが国の新幹線が開業当初から採用した外幌は両側の車体から突き出したゴム製の凸状体で，先端はつながっておらず，しかも車体の側面のみで屋根部分にはなく，車体間の隙間は少なくなるけれども開口を完全に覆うものではないから，空力的効果もあるだろうが，少なくとも見かけ上からは第2の目的のものに近い．

　最近の安全への関心の高まりに呼応して，JRをはじめとする大都市の通勤電車が競ってこの外幌を取り付け始めた．一般的なのは新幹線スタイルのゴム製のもので，高さは窓の中間付近までという場合が多い．つまり前記の2つの目的のうち，それほど高速でない一般の鉄道車両にとって意味があるのは，第2の安全上の機能である．

　各社とも新車だけでなく在来車にもさかのぼって取り付けを進めているが，取り付け位置である構体端部は元々屋根に昇るためのステップや縦雨樋，誘導無線のアンテナなどが配置されているため，おいそれとは取り付けられない車両も多く，いろいろ苦心しているようだ．

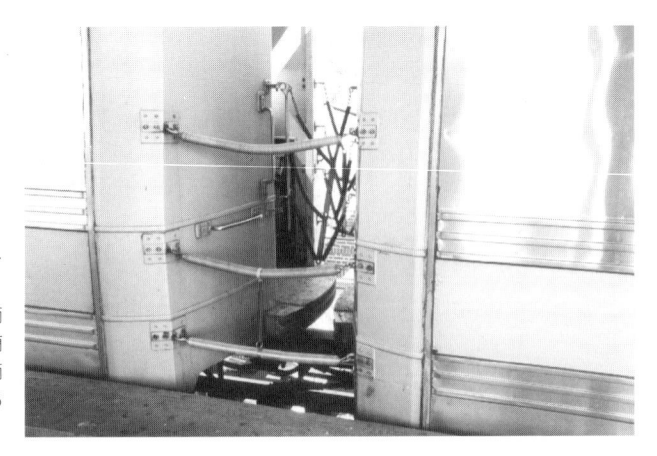

写真5-4 ニューヨーク地下鉄の簡易柵
両側の車両にばねの両端をつないだだけの簡単なもの．貫通路の両側にも同様のものがある．

写真5-5 ロシアの連結路面電車
ニューヨーク地下鉄のものとほぼ同じ構造である．

写真5-6 新幹線の外幌
車体側面のみのゴム製のリブで，連結はされていない．

外幌の要件

外幌は，単に隙間を減少させるというだけではなく，次のような機能が必要であると思われる．

a) 倒れかかった人間を受け止めるだけの剛性（つよさ）を有すること．
b) 急カーブにさしかかった場合に外幌が押し合ってもこわれない構造であること．
c) 営業時以外には，車両基地における清掃，点検等のために車両間が大きく開くことが望ましいので，簡単に取り外せるか，あるいは蝶番式に開くことができるようになっていること．

a) と b) とはやや矛盾する要件である．外幌が連続体で，両端が両側の車両に結合されていれば問題ないが，両側の車体からそれぞれ突出する突起体で先端が離れている構造の場合には，レール方向には柔らかく，枕木方向には硬い構造であることが必要となる．実際には先端部が重なり合ったナイフ状のものか，あるいはV字断面のチューブ状のものなどが採用されている．

写真 5-7 JR電車の外幌
これは中央・総武線電車のものだが，新幹線のものを背を低くしただけで同じ構造である．ゴムは上方へ引き抜いて取り外せる．

写真 5-8 阪急京都線特急車の外幌
車体の妻面に窓がないので上部までふさいでいる．外観は幌というイメージに近い．

写真 5-9 京王 7000 系の転落防止幌
幌の部分だけ縦雨樋をわずかに曲げているのがわかる．

写真 5-10 西武電車の転落防止幌
両側の車体に交互に取り付け，上面はステップを兼ねている．

写真 5-11 名鉄電車の転落防止幌
連結面間が広いので車体側に取り付け用の座を設け，その部分に屋根に昇るステップの機能を残す工夫をしている．

写真 5-12 名鉄電車の転落防止幌
パノラマスーパー 1600 系の外幌はゴムの板状．半径 160m の曲線部ではこのように先端が重なり合っている．吉良吉田駅ホームで．

写真 5-13　連結側屋根端部
両端に雨樋とステップ，中間に左からパンタグラフ上昇用のかぎ外しひも，パンタグラフ下降シリンダ用空気配管，引き通し母線行きと自車主回路行きのパンタグラフからの2本の高圧配線が見える．

写真 5-14　阪神電車の妻面
高圧電線を収めた配管は妻窓の両側に迂回して配置されている．これが普通のやり方である．

写真 5-15　西武電車の妻窓
4本の配管が窓もお構いなしにまっすぐ配置されている．いっそ窓をつぶしてしまえばよい．

連結側の妻面

　車両の妻面というのは，自動洗浄機のブラシも届かないから汚れも溜まりやすい．しかし幸いなことに，最近では妻面に窓のない車両が増加している．そこで，妻面をいわば床下や屋根裏同様に見た目を気にせずに徹底的に利用する空間と考え，これらを隠すために外幌を設けるという，つまり「目隠し」という新たな役割を期待している例もまま見られるように思われる．

　そこで話は少し脇道にそれるが，この連結側妻面というものをあらためて眺めてみよう．通常あまり人目にふれない場所ではあるが，ここは人間，雨水，電流その他，車両における屋根上と床下とを結ぶもろもろのものの通り道である．つまり昇降用のステップ，縦雨樋，パンタグラフからの高圧電流などがここを通っている．さらに会社によっては消火器や非常用のドアコックをここに取り付けている場合もある．

連結面の間隔

　そもそも隣接する車体の連結面の空間は，連結器取り付け部分の緩衝ばねによるわずかの進行方向の動き代を別にすれば，曲線部で車体が折れ曲がるために必要なものなのである．極端な急カーブのある路線を走行する車両は，連結面の間隔を大きくとらなければならない．したがってその寸法は各社の線路事情によって変わるものではあるが，新幹線をはじめ JR 各社と関東大手私鉄ではおおむね片側（連結器の突き出し長さと同じ）250 mm，合計 500 mm である．ところが関西大手になると様子が変わり，阪神，阪急，京阪などは片側で 350 mm，近鉄や南海では 360〜362.5 mm，名鉄では最も長くて 415 mm もある（いずれも代表的な在来車での数値で，新しい車両は短くなっている場合がある）．この寸法が大きいほど，ホームからの転落の危険性も大きいわけであり，より強力な外幌が必要となる．

内　々　幌

　最近，貫通路を囲んで設けられる筈の内幌（通常の幌）のさらに内側に，ちょうど腰位の高さだけの「内幌」を設ける車両が現れている．も

写真 5–16 東京メトロ 6000 系の内幌
貫通路と外側の幌との間に距離があるのでこのように内幌を設けている．

写真 5–17 札幌地下鉄東西線の安全チェーン
この車両も貫通路の開口が広いので，内側に安全のための手すりとチェーンを設けている．急カーブで貫通路が大きく食い違った状態で撮影．

ともと貫通口が単純な長方形でなく，特に上半の部分が大きく開口して隣接する車内を広く見せていたような車両の場合に，下半部分で幌が貫通路よりもかなり外側になってしまうために補助的に設けたものが始まりと思われるが，要は貫通路をより安全に通行するための設備のひとつである．この種のものはあればあるほどよいというわけでもあるまいに，いささか過剰設備の感もないではない．

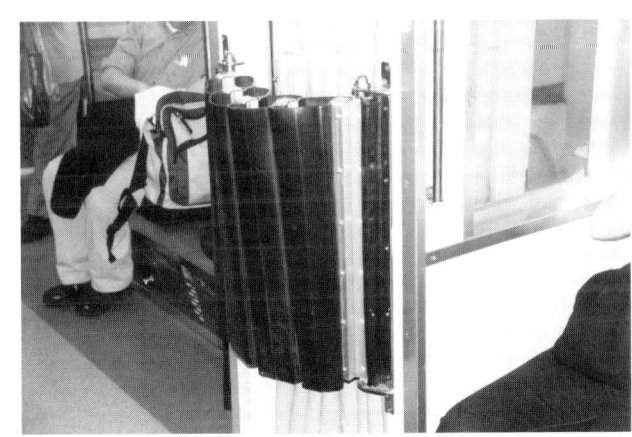

写真 5-18　小田急5000系の内幌
通常の幌がすぐ外側にあり，内幌がなくても特に危険とは思われない．

ツールボックス

桜木町事故

　1951（昭和26）年4月24日に起きた桜木町事故とは，当時の京浜東北線の終点桜木町駅に進入中の下り電車のパンタグラフが工事中でやや垂れ下がっていた架線を引っかけて切断し，架線電流が屋根を通って車体に短絡し火災となったもので，先頭2両の63形電車が全半焼して106人が死亡，92人が負傷した．

　前2両の乗客を文字どおり見殺しにして3両目を切り離すことに没頭していた職員の行動など，被害を大きくした要因はさまざまであるが，車両のパーツという面でいえば，屋根や木製の内装がよく燃えたこと，乗客にも職員にもDコックの知識が乏しくドアが開かなかったこと，中段固定の三段窓で窓からの脱出ができなかったこと，貫通路の扉が内側に開く開き戸でつめかけた乗客の圧力でここからも脱出できなかったことなど，さまざまな構造上の欠陥が露呈した．

　占領下の当時，絶対権威である「進駐軍の命により」早速すべての路線で「非常の場合のドアの開け方」が英文付きで戸袋窓に貼り出され，三段窓はとりあえず二段窓か中段も開く構造に改造，そして更新修繕の機会毎に各車両に幌が設けられ，貫通路のドアは撤去するか引き戸に改められた．さらにパンタグラフの二重絶縁化，カンバス張りの屋根はビニル張りに，天井部分はニス塗りをやめて難燃塗装とするなど，応急工事から恒久対策まで，影響は当時の国鉄，私鉄を問わず全国に及び，わが国の電車にとってまさに歴史的な事故であった．

Tool Box

6章　輪軸―車輪と車軸

台車と輪軸

　車両が走るのは車輪が回るからであり，その車輪は車軸と一体になって台車枠に収められている．台車はいわば輪軸のケーシングでもある．
　特殊構造の車両で両側の車輪の軸が別々に離れているものもないわけではないが，ここでは一本の車軸に一対の車輪がはまり，しかも両端に軸箱のある一般的な輪軸について話を進めることにしよう．
　車両の重量は台車のばねを経由して軸箱にかかり，車軸を経由して車輪に伝達され，これを下のレールが支えている．車軸にはこの（重量）×（軸箱と車輪の距離）に比例した曲げモーメントが作用する．しかも車輪が回転することにより，モーメントの方向が絶えず変化するから，いわゆる繰り返し応力となる．さらにこの車軸に駆動のための歯車やブ

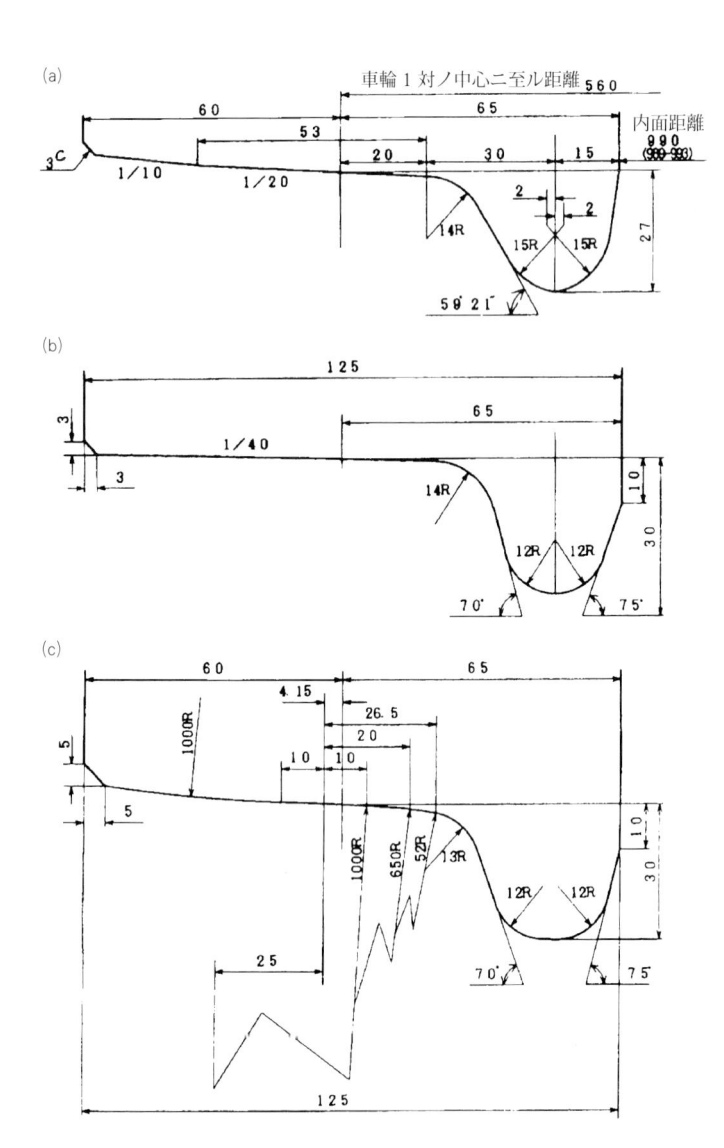

図 6–1　車輪の踏面形状（タイヤコンタ）の例
(a) 在来線踏面形状　1925（大正 14）年に制定され，わが国の基本となったもの．
(b) 新幹線円錐踏面形状　東海道新幹線の開業に際して開発され，０系車両に採用されたもの．
(c) 新幹線円弧踏面形状　耐摩耗性向上のため開発された新しいもの．諸外国も高速列車用に類似のものを採用している．
（日本機械学会編『鉄道車両のダイナミクス』（電気車研究会）より）

レーキディスクが取り付けられていれば，これらによるねじり応力もかかってくる．軸受部分では耐摩耗性も必要である．このように車軸というものは鉄道車両のなかでもかなり過酷な条件にさらされる部品のひとつであり，明治期にわが国に鉄道が導入されて，当初は車両丸ごとの輸入，やがて車体部分は見よう見まねで国産化され，さらに台車が国産できるようになっても，車軸・車輪については長らく輸入に頼る時代が続いた．わが国での製造開始は明治末期から大正にかけてのことであるという．そして技術的・経済的など理由はいろいろ考えられるが，今日ではわが国の車輪・車軸はかつての住友製鋼所，現在の住友金属工業ただ1社が製造するという特殊部品なのである．

　車軸は長さ2〜2.5mの円断面の棒状で，いうまでもなく炭素鋼の鍛造品である．一方の車輪は，以前は輪心の部分と，その外側に嵌めるタイヤとが別物で，内側の輪心を鋳造で作り，リング圧延したタイヤを焼き嵌めしていた．輪心部もスポークを残して窓あき状だったものが，現在では窓なしの円板状となり，さらにタイヤと輪心とが一体となった一体圧延車輪が一般的である．

　輪心部も平板状のもの，断面が湾曲してお碗状をしているもの，面が凹凸になった波打ち車輪などの種類がある．なお，防振，防音の目的であえて輪心とタイヤを別物とし，中間にゴムをはさんだ弾性車輪と称するものも路面電車の一部などに使用されている．

　1998年6月にドイツで発生したミュンヘン発ハンブルク行きICE(急行列車)の脱線事故は，機関車に続く第1客車の車輪のタイヤ部の割損が第1原因といわれ，ドイツではこの構造の車輪が高速鉄道車両にも採用されていたことがわかった．わが国では一体圧延車輪が普及しているから同様の事故のおそれはない，と当時いわれたものである．

　一体圧延車輪で防音構造のものもある．タイヤ部分の内側に溝を設け，鋼棒のリングを挿入して固定したもので，曲線部分におけるレールとフランジとのきしみ音を低減する効果があるという．

製造現場を訪ねる

輪　軸
住友金属工業㈱関西製造所

では車輪の製造現場を拝見することにしよう．2001年春JR桜島線（ゆめ咲き線と改称）沿いにオープンして話題を呼んでいるユニバーサルスタジオジャパン（USJ）は，以前はこの関西製造所の一部だったところで，用地を縮小して建屋を集約しリフレッシュを図ったという現在の製造所はUSJのお隣にあり，鋳鍛鋼製品の工場としては予想以上に明るく，近代的である．

写真6-1　素材の鋼丸棒
車輪1個分に鋸で切断されている．

以前は製鋼所の電気炉で作られるインゴットを使用していたそうであるが，'80年代に連鋳材に変わり，和歌山製鉄所の高炉，転炉を経た連続鋳造による約2m長の丸棒が現在の車輪の素材である．

丸棒を所定長さに鋸で切断し，加熱してまず1次鍛造でタイコ状，2次鍛造でボスやフランジのある車輪の形状とし，つづいて熱間の車輪圧延機でおよその寸法を整えてから回転鍛造機で黒皮での最終寸法に仕上げる．この回転鍛造機は自社製だそうで，水平に回転する下型と，やや傾斜して回転する上型との中間に材料を入れ，回転しながら鍛造を行う．ボス中央の車軸孔はここで打ち抜かれ，輪心部の湾曲や波打ち加工もここで行う．炉を通して焼鈍した後，残留応力を圧縮状態とするために加

写真6-2 車輪の鍛造
加熱された丸鋼をダイスの中央に置いて，いよいよ鍛造が始まる．

写真6-3 車輪の鍛造
まず1次鍛造で平たい形状にする．続けて隣の機械で2次鍛造を行う．

写真6-4 車輪の鍛造
1次鍛造でこの形状まで平たくする．

6章 輪軸

熱して外側を先に冷却する熱処理を行い，あとは機械加工である．

車輪の外周面（踏面という）は一般に円錐状であるが，図6-1に示したように必ずしも一律なテーパ（円錐状）ではなく，またフランジ高さを含め，プロフィルは鉄道会社によって微妙にちがっている．車輪径にも大小があるので，ざっと見ても車輪の切削パターンは60種類以上もあるという．切削はNC（数値制御）のターニングマシン（水平旋盤）で行い油圧式のタレットに取り付けられた車輪は表・裏に分けて加工されるが，マシンへの供給・取り出しはすべてオートローダによる自動作業である．

写真 6-5　1次圧延前後の材料
奥の圧延機に入る前（左）と，出た後の材料．右側のものはひと回り大きくなっているのがわかる．

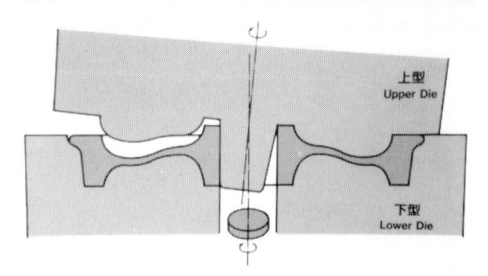

写真 6-6　回転鍛造機の説明図
実際の設備は材料がよく見えず，写真にならない．

写真 6-7　焼鈍炉
積み重ねて装入し，無火の炉内で放冷される．

写真 6-0　黒皮状態の車輪
これは波打ち車輪である．

いかに車輪が消耗品であり，かつわが国において唯一のメーカーであるといっても，連日フル稼働するほど需要があるわけではないようで，設備能力年間40万枚に対して実際の生産量はその1/4程度という．まして車輪より長持ちのする車軸となると，輸出を含めても月に何回かま

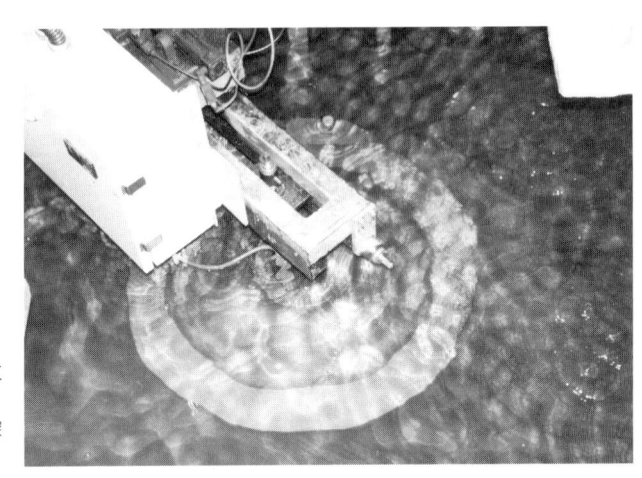

写真6-9 機械加工前の欠陥検査
水中に沈めて超音波探傷が行われる．

写真6-10 機械加工のFMS（フレキシブル生産システム）ライン
車輪を保持しているのがローダ，右奥にターニングマシンが並ぶ．

とめて製造すれば，あと設備はお休みしているらしい．
　車軸の機械加工は通常の軸物の加工であって，特に見学してご報告するようなものではなさそうである．仕上げ加工の前に，疲労強度を上げるための高周波焼入れを行う．

写真 6-11　防音リングの取り付け
治具で押さえておいてスポット溶接で固定する．

写真 6-12　鍛造された車軸
両端のジャーナル（軸くび）部分だけ粗削りしてある．奥の方に完成品が見える．

機械仕上げされた車軸に車輪が圧入される．動力軸の場合は車輪よりも内側に歯車が入るから，これを先に嵌める．さらに両端の軸受と軸箱，さらに動力軸であれば歯車のまわりの駆動装置のケーシングなどが組み付けられて，輪軸アセンブリー（組み立て品）が完成する．

写真 6-13 車輪の圧入
作業者の右側に見えるのが駆動装置．右車輪はまだついていない．

写真 6-14 輪軸のアセンブリー
車輪の内側にブレーキディスクが 2 枚入っている．（この写真のみ東急長津田工場で）

7章　窓と窓枠

開閉する窓

　車両には窓がある．そしてガラスがはまっているが，必要に応じて開閉できるというのがかつての常識だった．駅弁は窓越しに買うものだし，戦後の殺人的ラッシュでは誰でも窓から乗り降りした．暑いときには窓を開けて風を入れるのが冷房などない時代のせめてもの対策であったし，寒いときには隙間風で首筋が冷えきってしまった思い出を持つ方も多いだろう．北海道などの寒冷地では二重窓車が標準仕様であった．
　しかし（住宅や事務所もだが）車両の冷房が当然のこととなって，窓には大きな変化が生じた．開ける必要がなくなってしまったのである．ガタピシ窓から固定窓へ，その歴史を振り返ってみよう．

写真 7-1 一段式下降窓
ブラインド，ガラス窓ともに下に落とす構造．交通博物館に展示されている明治時代の木造客車（復元品）．

写真 7-2 上昇窓
カーテン用の係止金具を兼用した窓戸棒と，指で操作する窓戸錠．東武博物館に保存されている日光軌道線の半鋼製電車．

写真 7-3 JR103系の二段窓
一般部は上段も上昇式だが，行先表示器のある窓の上段は下降式である．

昔 の 窓

　窓が開閉した時代，窓が下に開くものと上へ開くものとがあった．歴史は前者が古いように思われる．下に開くものは，いわば持ち上げて何かに引っかけた状態で閉じているので，ひっかかりを外せば窓は下に落ちるから，「落とし窓」ともいう．構造が簡単なのが長所だが，全閉か全開かの二者択一しかできないこと，雨水が窓部分から構体内に侵入するので腐食がはげしいことが欠点であった．これに対して上昇窓は，窓の下部がふさがっているから腐食は少なく，重力に逆らって窓枠を持ち上げて固定するのだから「窓戸錠」という金具が必要である代わりに，これを使用すれば任意の高さで窓枠を位置決めできるからきめ細かい開閉ができる利点がある．

　窓というのは壁の開口であり，窓の中で開閉する板状のものを建築の方では「障子」という．昔の車両の窓の障子は，四角いガラスの四辺を木製の窓枠で囲んだものである．この障子を構体に直接はめ込む．構体には窓枠の間隔に窓柱が設けられていて，窓柱の外側がつば状に広がっているから，ここに障子を入れ，内側に「窓戸棒」と呼ばれるものを取り付けると障子は窓柱のつばと窓戸棒とで形成される溝の中に納まる．窓戸棒は金属の角棒で，その角の適当な位置に刻みを設けてあるから，窓枠に取り付けた「窓戸錠」を操作してこの刻みにかみ合わせると窓の高さを決めることができる．

　この構造は，構体の窓柱の間に直接障子を嵌めるところに問題がある．構体は「製缶もの」であるから，窓柱の間隔もコンマ何ミリというような精度ではできていない．柱の間隔が狭いときには窓柱をグラインダで削るか，窓枠を少し削る．逆に広いときには窓柱か窓枠のどちらかに薄い金属板を張りつけてガタがないようにする．見えないところでこのような細工をしてあったから，定期修繕などで障子を一斉に外すときなどは，符号をつけて，後日元の位置に同じ障子が戻るようにしなければならなかった．

窓 の 段 数

　1つの窓を上下方向に2枚の障子に分けたものが二段窓である．高さ1/3程の上段が固定窓，2/3の下段が上昇窓というのがもっとも一般的

写真 7-4 三段窓車の車内
63形の車体で有名だった九州・大牟田の三井三池炭鉱専用鉄道の客車．ドアが手動のため，三段窓が原型のまま残されていた．(1975年撮影)

写真 7-5 ユニット窓
窓2枚が1ユニットとなって構体にねじ止めされている．地下鉄千代田線乗り入れ用JRの203系電車．ユニットを室内側から取り付ける構造のものもある．

写真 7-6 大型ユニット窓
JR京浜東北線などを走る209系電車の窓．幅2mを越える大型の固定窓である．車端部に小型の下降窓がある．

である．しかし一般には窓を開けたがるのは立ち客で，座っている客は髪が乱れるなどの理由で開けたがらない．二段窓で上段も上昇式にしたものは，この点を改良したわけである．一段下降窓で開度を調整できるものは，さらに好都合である．バランサ（釣り合い機構）のついた近代窓では，現在一段下降式が主流を占めている．

　戦時中から大戦後に活躍した「63形」電車が採用した三段窓は，窓を三等分し，中段を固定，上段と下段を上昇式とした．混雑対策としてガラス破損の被害を少なくするのが目的だったといわれているが，座客（下段），立客（上段）が各々自由に窓を開閉できる点が合理的であった．しかし例の桜木町事故で中央の固定窓が災いして多くの犠牲者を出した教訓から中段窓も上昇可能に改良され，やがて三段窓そのものが見られなくなった．

ユニット窓と固定窓

　ユニット窓は，開閉しない外枠の内側に障子を嵌め，外枠のフランジを構体に直接取り付けるようにした窓である．障子の開閉機構，つまりスライドする溝や窓戸錠などの部分はユニット窓の内部に納まっているから，工場で高い精度で組み立てることができ，構体には動かない外枠をただ取り付けるだけなので構体の工作精度の影響が少ない．ドイツで開発され，わが国では昭和30年代に国鉄の153系（かつての「急行形」）電車に採用されたのが最初であるという．二段式のユニット窓で下段上昇，上段下降にして障子が外枠から外に出ないようにしたものもある．

　車両冷房が普及しても，当初は従来の構造のままの車両にクーラを載せたような冷房車が大部分だったし，空調の故障を考えて窓を開閉できるようにしていた車両も多かったが，やがて空調機器の信頼性が高まるとともに窓の開閉が見られなくなり，固定窓が採用されるようになった．何しろ窓が開閉しなければ窓構造がシンプルになって建造コストが下がるだけでなく，隙間風や雨水残りによる腐食などが解消されるのである．固定窓となると，障子を直接構体に固定するようなものだから，ユニット窓の利点はそのままである．

　固定窓における最近の傾向は，窓ガラスを多層にして断熱性を向上させるとともに，外面の元来へこんでいる部分にもガラスを重ね，窓部分と窓でない部分とを面一（つらいち）としていることである．こうすればくぼみの隅

写真 7-7 一部を開閉式にした大型ユニット窓
209系の改良形である231系では大型窓の一部を開閉式にした．仕切りを境に大きい方が開閉式．

写真 7-8 非常時脱出用工具
荷物棚の下にハンマやのこぎりが収納してある．固定窓に対する配慮であろう．
(1975年, アメリカ Erie Lackawanna 鉄道)

7章 窓と窓枠

の汚れがなくなるばかりでなく，自動洗浄機を通したときに洗い残しが生じない．ガラスを熱線吸収の着色ガラスとしてカーテンなどの日除けを省略しした車両も多く登場している．

製造現場を訪ねる

窓　枠

アルナ輸送機用品㈱

　アルナ工機㈱養老工場（当時，分社化して現在は「アルナ輸送機用品㈱」）は1970（昭和45）年の操業開始で，関ヶ原に近い養老山脈の麓，牧田川に面し水田に囲まれた28,000 m^{2}の敷地に車両窓，バスや建設機械用窓，車両ドアなどの組み立て工場とアルマイト加工を行う表面処理工場が並び，鉄道車両用に限っていえばわが国の90％（それ以上ともいう）を製造している．

写真7-9

写真7-10

現在の車両の窓枠は，まず100％アルミ合金製，通称アルミサッシである．アルミ枠は木製，鋼製のものに比較して軽量で加工が容易であり，ある程度自由に着色もできるなどの特徴が認められているため，特にアルミニウム押し出し材はダイスの形状によって任意の断面形状が設計できるのでシャープなエッジが容易に得られて「建てつけ」がよいため，車両に限らず住宅やビルの窓も大部分がこんにちアルミサッシであるのは，ご存じのとおりである．

　素材となるアルミニウム押し出し材は棒状のものから平板に近いものまで断面形状で実に1500種類もあり，長さは4.2〜5.5 m である．この長さは，折り曲げて普通サイズの1枚の窓となるおよその寸法であり，表面処理の処理槽もこれに合わせて長さ6ｍとなっている．種類毎にパレットに入れて生のアルミ材は屋内の立体倉庫に，アルマイト処理したものは屋外に保管されている．

写真 7-11　曲げられた窓枠
角を大きいＲで曲げたヨーロッパ風の窓．2ヵ所で溶接する．

製造工程は，

所定寸法の切断→曲げ→合わせ目の溶接→表面みがき→

表面処理→ガラス入れ→部品取り付け→外枠への組み付け

というのが大きな流れである．いうまでもないが，窓枠はすべて注文生産である．したがって何社の何形のどの部分の窓という図面に基づいて製造され，新幹線用などは組み立てラインも専用化されている．

表面処理は，ハンガに吊された材料を脱脂，化成処理，アルマイト処理の順に並んだ各処理槽に順次浸漬して行い，ハンガに吊るすときと最後に外すときのみが人手による作業で，あとは自動である．アルマイト処理で保護被膜を形成すると同時に着色（電解発色）も行う．着色には白（シルバー），レモンゴールド，ライトブロンズ，黒（パワーブラック），それにステンカラーの各種類がある．もっとも一般的なのはシルバーだが，最近黒もよく見かけるし，ステンカラーなどは車内のステンレス部品との調和を考慮したものであろう．

溶接はフラッシュバットとアルゴン溶接が主だが，強度のかからない部分などには低温のろう付けも行われている．フラッシュバットなどのはみだした溶接ビードは機械加工で削り，あと手仕上げされる．

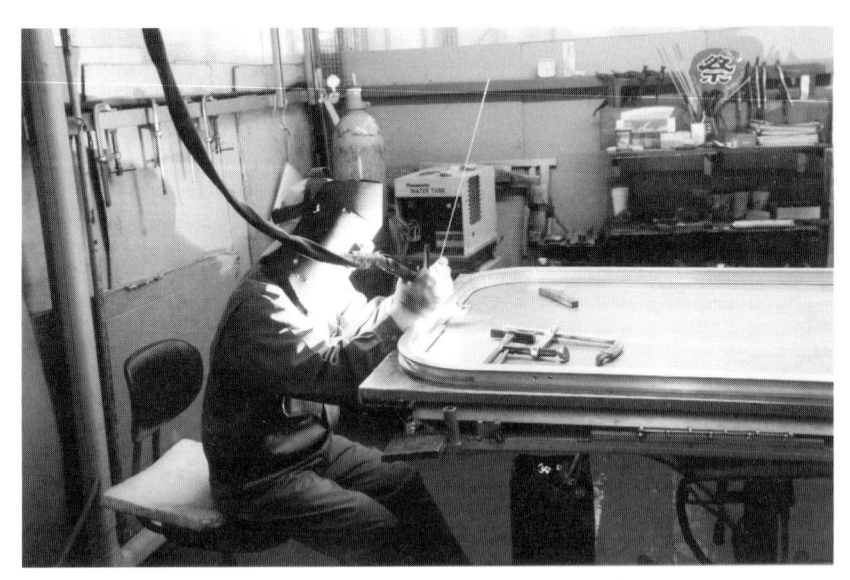

写真 7-12　合わせ部のアルゴン溶接
溶接後のビードは手仕上げで平面化される．

職人芸を要するのはここでバフかけと呼ばれている表面みがきで，角に大きいR（丸味）のあるヨーロッパ向け窓枠なども含め，窓枠の形状の長手方向にすじ目がつくように研磨布（バフ）に対して窓枠を一定速度で滑らせるのだが，一ヵ所に長く時間をかけていると着色したときにそこが変色するので，等速で，しかも角部分は形状に合わせて徐々に向きを変えて行うというのが難しいところのようだ．小型のものは一人で，大きい窓枠は二人で行っている．

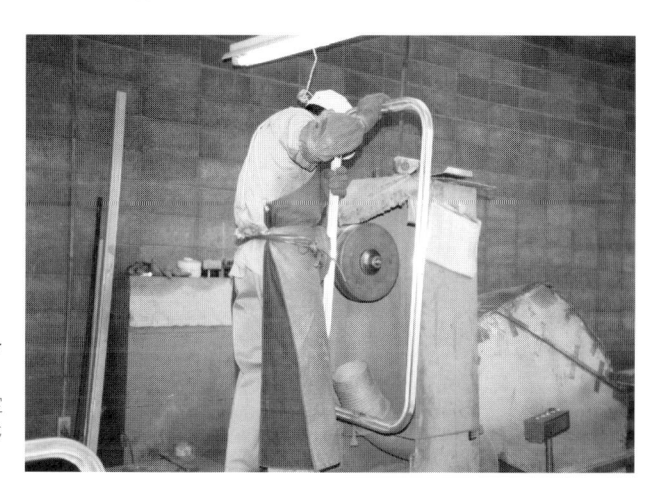

写真 7-13　バフ掛け作業
窓枠を回転砥石に一定速度で押しつけてすじ目を施す．

写真 7-14　表面処理用素材の取り付け作業
しずく切りのため傾斜して吊るす．取り付け後の槽間の移動は自動運転である．

写真7-15 ガラス入れと組み立て作業
ガラスを入れ，錠，シール材などを取り付ける．

　　　　ガラスは旭硝子，日本板硝子などのメーカーから所定寸法に切断したものが支給される．ローラ，錠などの部品も支給品というか別途調達であるが，下降窓の見えない部分に仕掛けられているバランサ（任意の位置で停止するように窓の自重をバランスさせる）は自社，すなわちアルナの特許製品である．

　　　　下降窓では構体の腰板部分に隠れる位置まで窓枠が移動するから，大きな外枠があり，その底には侵入した雨水を排出する配管も設けられている．したがってこうした大型窓は組み立てた後，全数について3時間程の水漏れテストが行われる（口絵4）．

　　　　前記したように，近年，開閉する窓が少なくなって窓枠の構造がシンプル化し，動く部分のない単なる障子に近い構造のものが大部分となってしまって，部品の組み付けや外枠の組み立てなどの見た目に面白い作業が少なくなっているのはやや残念ではあるが，流石にわが国の鉄道車両の窓をほぼ独占生産しているというだけあって，なかなか活気に溢れた現場であった．

写真7-16 屋外の
アルミ押出材保管棚

ツールボックス

63形電車
(ろくさん)

　輸送力不足と物資欠乏に悩む当時の国鉄（運輸鉄道省）が大戦末の1944（昭和19）年に登場させた戦時形電車で，戦後にかけて800両余りが製造された．鋼板を曲げる部分のない平面だけの組み合わせ鋼体，大寸法のガラスがいらずしかも混雑時にも割れにくい三段窓，天井板を張らないで屋根の裏側を白く塗装しただけの肋骨天井，室内灯はガラスのグローブなしの裸電球など，乏しい材料で1両でも多くの電車を製造するためのギリギリの設計であった．しかし，より多くの乗客をスムーズに乗降させるため，20m車体で初めてドアを4ヵ所としたことは大成功で，戦後の混乱期にもこの電車の威力をまざまざと見せつける結果となり，戦時設計の部分を解消したのちの73系，101系を経て現在まで，20m車体4ドアはJRをはじめ多くの私鉄通勤形電車の標準タイプとなっており，63形はそのさきがけである．

　63形電車は当時の省線に限らず，同様に車両不足に悩む各私鉄にも救いの神として迎えられた．1945，46両年度合わせて116両が大型車両の入線可能だった東武，東急（当時，戦時統合されていた現在の小田急線，相鉄線），名鉄などの主として大手私鉄に割り当てられている．異色は神戸の山陽電気鉄道で，軌間は国鉄より広い標準軌だが当時の車両は15m級の小型車ばかり，到底大型の63形がすぐに走れるような線路ではなかったが，設備の大改良を決断して1947年に20両の63形を受け入れ，翌年秋には全線で走行可能となった．その結果，以降同社が発注する新車も大型車となり，後に阪急，阪神と相互乗り入れを行える体質にまで成長したのも63形を受け入れたおかげなのである．関東の相模鉄道も似たようなことがいえる．

　このように63形は功罪相半ばするというべきで，功の方も忘れてはならないと思うのだが，旧国鉄当局は63形の悪いイメージを払拭することに専念するあまり，原形の63形はおろか，これを改善した73系とよばれる電車までせっせと淘汰してしまい，交通博物館をはじめとする全国の保存施設に現在その姿を見ることができない．戦時設計といっ一種の戦争記念物として，レプリカでもよいから元祖の63形をどこかに展示してほしいものである．

　本書の表紙に描いたのは関西私鉄の大手，南海電気鉄道に入線した63形の1500形のつもりである．一方姉妹編である『パーツ別電車観察学』の表紙は上記の山陽700形である．南海にも20両入ったが，初めから天井板が張られているなど，省線の63形とは異なる部分もあった．そのうち4両は後に改造により前面に貫通路を設け，幌を備えた．

3章　車両のドア

ドアの種類

　車両のドアにも用途によっていろいろあるが，ここでは乗客が通常乗り降りの際出入りする入口とドアを取り上げる．JISによる正式名称は，構体の開口である出入口は「側入口（がわいりぐち）」，開口をふさぐものが「戸（と）」である．機能で考えれば側入口と戸は渾然一体のものであり，両者まとめて「ドア」と表現し，「4ドア車」などと呼ぶ．

　戸には開戸と引戸があり，開戸には住宅のドアのような1枚のものと，中央から2枚に折れ曲がる折戸がある．自動車とちがって鉄道車両の場合，わが国では外側に開くドアは認められていない．内側に開く一枚開戸は昔の客車では一般的であったし，最近でも採用例がないわけではないが，開戸としては二枚折戸がもっとも多い．内側に開くためには混雑

写真 8-1 折戸
定員乗車で混雑がなく，かつ戸袋を設けずにすむ（眺望がよい）ことから特急車などによく採用される．これは小田急ロマンスカー．

写真 8-2 二枚引戸
路面電車の運転台脇によく採用される．これは都電荒川線の5000形．

写真 8-3 外吊り戸
ドアの厚みだけ構体寸法が小さくなる．JRのキハ35形気動車．わが国では珍しい採用例である．

のおそれのない車両でなければならないし，戸袋を設けなくてよいので，窓からの眺望を重視する特急車などに採用される．しかし，車両用としては引戸が圧倒的である．引戸にも一方向に開閉する一枚引戸と同方向に開閉する二枚引戸，反対方向に開閉する両引戸などの種類がある．二枚引戸は路面電車の運転台脇によく見られる．現在の車両では乗降の少ない特急用車両などが一枚引戸であるほか，通勤用などの普通の車両では両引戸が普通である．

引戸の一種に戸袋がなく，車体の外側に戸を吊るした外吊り戸があり，さらにその変形として，開口をふさぐ瞬間に戸が車両の内側に向かって移動するプラグドアがある．びんの口に打ち込む「栓」のようなドアで，密閉性がよいので寒冷なヨーロッパ諸国などによく見られるが，外側から内側に向かってドアが押しつけられて閉まる構造だから，これを押し返すような殺人的な詰め込み状態が当たり前というような国ではちょっと採用できないだろう．

東海道新幹線の初期に，トンネル進入時の「耳ツン（瞬間的な気圧変化で耳がツンとなること）」対策として，一枚引戸のドアが閉じた後，外側のドア構えに押しつける機構が追加されたが，もしプラグドアを採用していればこの問題はなかったと思われる．

ドアの数

車両のドアを考える場合の項目として，1両片側当たりのドアの数，ドアの位置，ドアの寸法（主として開口の幅）などがある．

古来，客車や客車形の遠距離電車にあっては，客室の外側にデッキと呼ばれる別スペースを設け，そこに出入口を配置したので，ドアは車両の両端2ヵ所というのが普通だったが，電車では車体長17mでも20mでもドアは片側3ヵ所というのが多かった．本格的な4ドアは戦時設計の例の「63形電車」（88頁参照）からである．現在では20m車は片側4ヵ所，17〜18m車では3ヵ所というのが標準のようだ．

いうまでもなく，〔ドアの数×幅＝全開口幅〕はラッシュ時における乗降時間に関係する一方，着席定員数，すなわちサービスの質に関係する．首都圏のJR通勤電車は20m4扉車で統一されているが，山手線をはじめいくつかの路線では最も混雑の激しい位置に6扉車が連結されている．この車両はラッシュ時にはなけなしの座席まで壁に収納されて

写真 8-4 プラグドア
ワゴン車や観光バスには普及しているが，わが国では鉄道車両には珍しい．これは JR 四国の特急車．

写真 8-5 京阪の5扉車
2 ヵ所の扉を閉め切って 3 扉車となっているところ．

写真 8-6 札幌地下鉄南北線の乗車位置案内
図 8-1 に示すような 2 種類の列車があり，列車により乗車位置が全く変わってしまう．

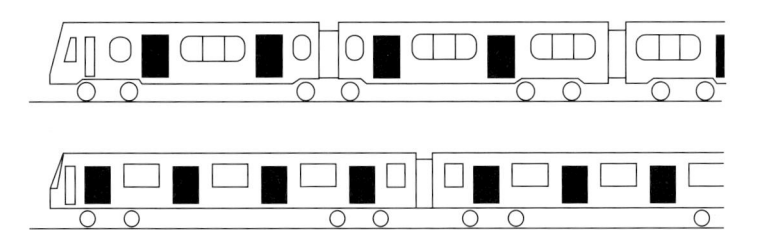

図 8–1　札幌地下鉄 3000 形（上）と 5000 形（下）の扉配置
同じ路線にこうもドア位置の違う車両が走るのは珍しい．

しまい，立席のみという徹底ぶりである．両隣の4扉車とは実質の収容人員にかなりの差があるだろう．また関西の京阪電車5000形は，1970年に登場した19m5扉車であるが，ラッシュ時以外は2カ所の扉が閉鎖され，天井部分に収納されている座席が降下してきて完全な3扉車に変身するというユニークな車両である．しかもその座席はクッションが効き，暖房も付くという完璧なものだ．全7編成が現在も健在である．

　ドアの数，つまり位置は，通勤時間帯におけるホームの行列に関係する．路線で車両長とドア数が統一されているところは問題がないが，西武鉄道のように最近まで作ってきた20m3扉車がまだ多数残っており，4扉車と混在している路線などでは，つぎにどんな車両が来るかの情報がないと並ぶことができない．また札幌地下鉄南北線には，1978年登場の3000形と1996年から現在も増備が続いている5000形との2種類の車両がある．前者は13,800mm車体を2車体ずつ連接構造とした8車体編成，後者は18,400mm車の6両編成である．編成長はいずれも同じになるが，ドアの数は3000形の $2 \times 8 = 16$ に対して5000系は $4 \times 6 = 24$ と50％多く，中間では当然ドアの位置もずれてくる．

　東武伊勢崎線，東急東横線と相互乗り入れしている営団（東京メトロ）日比谷線は18m3扉車を基本としているが，東武車と営団車の一部に5扉車があるのに対して東急は3扉車オンリーである．5扉車は8両編成の両端2両ずつで，日比谷線内各駅には第2，第4ドアに対する乗車目標も建っているが，5扉車の編成は3社合計全76本のうち28本にとどまっていて，「5 Doors」のところに並ぶのはいささか率の悪いかけである．案内放送で指示があるのだろうか．

　京王電鉄では1991年に20m5扉の6000系を4編成登場させたが，

写真 8-7 西鉄天神大牟田線の乗車位置案内
この路線も 2 ドア車，3 ドア車，4 ドア車の 3 種類があるので次の列車についての情報が必要だ．

写真 8-8 地下鉄日比谷線の 5 扉車
左遠方は同じ路線を走る東武伊勢崎線の 5 扉車である．

写真 8-9 ホームドア
転落事故防止の決定版とされるが，ドア位置が統一されていないと採用できない．
（都営地下鉄三田線）

圧倒的多数を占める4扉車との混用では効果がなかったのか，半数は4扉に改造してしまい，その後も5扉車は製造していない．

　ホームからの転落防止策として最近注目されているホームドアなども，ドア位置が一定していないと採用しにくい．東急電鉄は積極的にこれの導入を進めていて，18 m車オンリーの池上線や，20 m車だけの南北線乗り入れルートにはこれを設置しているが，日比谷線乗り入れと自社線内列車とが混在する東横線には設置できそうもない．

写真 8-10 ホームの乗降ガイド
4列の乗客を2つに分けて2列ずつ左右のドアの両脇に誘導するライン．見事な幾何学模様というほかない．(総武線 秋葉原駅)

写真 8-11 失敗だった小田急の超ワイドドア
広すぎた2mドアを改造して1600mmとした．開いている状態だが，向こう側に室内側の様子が見える．

写真 8-12 目かくしドア
ステッカーを貼って景色を見えにくくしたのは小児がドア部に立つのを防止するためだが，ちょっと意地が悪い．かつての東急東横線風景．

ドアの位置

都営地下鉄浅草線（相互乗り入れの京成，京急車両も同じ）と東京メトロ日比谷線（東武，東急も同じ）とでは，同じ 18 m 3 扉車でありながら設計思想の相違によってドアの位置に車両中央寄りか端部寄りかという微妙な相違がある．ドアの配置は客室スペースに対する均等割りつけを原則としながらも，運転台の存在，とくに編成の中間に運転台が入る可能性がこの配置を崩す原因となっている．

具体的にいうと，浅草線の方は，運転台の後方のドアを少し後退させて割りつけているのに対して，日比谷線の方は運転台の有無に係わりなく車両端部からのドアの距離を同じにしている．その結果どうなるかというと，日比谷線の場合，運転台すぐ後方のドアから乗っても片側には客室スペースがほとんどなく，乗客は反対側へ行くしかないので局部的に混雑部分が生じる．浅草線の方では運転台すぐ後方のドアから乗っても両側にいちおうスペースがあるので混雑が均等化される．その代わり，ホーム側から見たドアの位置が等間隔ではないので，ホームが人であふれたような場合，乗降に時間差が生じる．

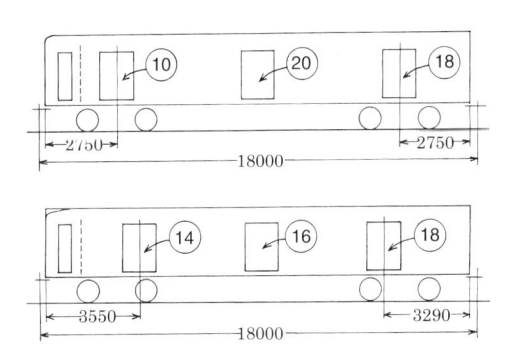

図 8-2 （上）東京メトロ日比谷線 3000 形（下）と都営地下鉄浅草線 5000 形の扉配置
一見すると日比谷線の方がすっきりしているが，浅草線の方が合理的だ．◯内の数字は，そのドアから入った乗客に用意されている座席の数．日比谷線の第 1 ドアは運転台のしわ寄せをもろに受けているが，浅草線の方はかなり緩和されているのがわかる．

ドアの幅

　ドアの数が同じならば乗降時間はドアの幅によって変わることになるが,広ければ広いほどよいというわけでもないようだ.混雑対策として,多扉車にするか,ワイドドア車にするか,各社で試行錯誤が繰り返されている.

　ドアの幅は片引戸で 1,200 mm,両引戸で 1,300 mm というのが最近の標準寸法だが,東京メトロや小田急では 1,600 mm,1,800 mm などというワイドドア車も登場している.中でも小田急電鉄が 1990 年に投入した 1500 系電車は運転台直後を除いて 2 m という超ワイドドアであったが,ワイドの効果があまり認められず,それなら座席が多い方がよいということで改造工事を行い 1,600 mm 幅にせばめてしまった.しかしこの改造はインテリア側のみで行い,構体の開口はそのままとしたので,車外から見るとドアが開いていても開ききっていないように見える.

　ドアの幅に関係して,開いた状態で戸袋に入らずに残っているドアの寸法を「引き残し」という.構体の開口幅に対してこの分だけドアの有効幅が減少するわけだが,手動,あるいは季節によって手動とする「半自動」扉の場合,手かけ部分が出ていなければならないので引き残しが必要となる.

ドア自身(戸)の問題

　車両の不燃化対策の一環として,現在木製のドアは採用されていない.金属製,あるいは金属と樹脂等の複合材である.車内側で見て,ステンレス製ドアは通常金属肌がそのまま見えているが,インテリアと同じように色や模様が付いているのは,アルミ合金のハニカム材である.ただしハニカム材は車内洗浄の際の薬品の腐食に弱いので,裾まわりだけステンレスとしたドアもある.

　ドアにはガラスがはまっているが,室内側,室外側ともにこれを周囲のドア本体と面一(つらいち)にする場合がある.室内側については,ドア面に凹凸があると開いた際に戸袋に手が引き込まれやすいのでこれを防止するためであり,室外側については窓の場合と同様,自動洗浄機における洗い残りを少なくするためである.

　ドアの幅が標準化されれば,ドアそのものもパーツとして標準設計で

きそうに思われるが，実はこれが難問なのだそうである．ひとつには，最近流行の，車体幅を大きくして車両限界に納まるように裾をしぼった車両の断面プロフィルが各社で微妙に違うこと．さらには，伝統的にドアの厚みが他社よりも薄いという某社などは，他社並にドアを厚くすると，車掌が持ち歩いているドアを閉鎖するためのキーが新しい車両用に別に必要になる，という理由で頑としてドア厚みを変更しないというようなことがある．

製造現場を訪ねる

ドア

アルナ輸送機用品㈱

　前章でご紹介したアルナ輸送機用品㈱では，窓のほか，1960年以来の実績を持つハニカムサンドイッチ構造のドアやスケルトンタイプのステンレス製のドアも製造している．

写真 8-13　ドア枠の仮押さえ
枠体と表面材を仮組みして万力で締めつける．

写真 8-14　スポット溶接
仮押さえのままスポット溶接する．

写真 8-15 完成品のドア
上部の戸車も取り付けられている.

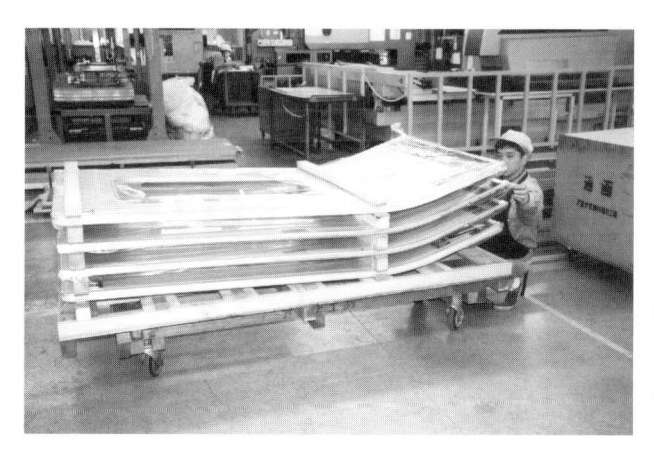

写真 8-16 積み重ねて梱包待ちのドア
近年新幹線に限らず車体側面の曲がった車両が増えている.

　ステンレス製のドアは，周囲および中間の桟を組み立てた枠の両面に，プレスした板材を溶接して製造され，溶接ロボットも活躍している．ガラスを入れ，鉄道車両のドアは一般に吊り戸であるから，上部に戸車を取り付け，さらに戸閉め機械（ドアエンジン）に接続されるブラケット等を取り付ければ完成であり，ドアそのものは開閉するがドア自身の内部には動く部分がないだけに窓よりも製造工程は簡単であるといえる．

9章 吊革, 手すり, そして網棚

吊手, 手すり, 荷物棚

「事故防止のため, やむを得ず急ブレーキをかける場合があります. 手すりや吊革におつかまり下さい」という車内アナウンスは毎日のように聞こえてくる. 昔はベルト部分に革が使われていたので「吊革」の名称があるが, 現在はほとんどが樹脂で, JIS の鉄道車両用語では「つり手」という. その定義は「立席の客用に天井などからつり下げた握り」である. 一方「手すり」はそのまま正式用語で,「身体を支えるため, 通路に沿って設けた棒」のことだそうだが, これとまぎらわしいものに「握り棒」があり, これは「身体を支えるためにつかまる棒」で, 慣用語では「つかみ棒」である. しかし, この定義では「手すり」と「握り棒」の区別は曖昧である. もしかすると, 乗客がつかむのが「手すり」で, 乗務員

がつかむのが「握り棒」かも知れない．

　吊手は一般に天井からブラケットを介して水平の棒を取り付け，これに吊り下げる構造のものが多い．この水平の棒を「吊手棒」という．名鉄だけはちょっと変わっていて，吊手棒を使わず，吊手を1個ずつ直接天井に取り付けている車両が多い．

　吊手棒が天井から下向きに突き出して設置されているのに対して，窓の上部からほぼ水平に室内に向けて取り付けられているのが荷物棚である．立ち客の少ないクロスシートの車両には吊手が設けられていないし，天井の低い路面電車には荷物棚がないのが普通だが，それ以外の一般の鉄道車両には吊手と荷物棚の両方が備えられている．この両者のブラケットはデザイン的にも調和が図られているのが普通だし，中には実際に組み合わされて一体となっているものもある．

　変わったところでは，吊手棒が車両全長に延びていることを利用して車内でラジオを聴くためのアンテナとして利用している例がある．この場合，車長方向には導体を接続して連続させてあり，一方車幅方向の枝はよく見ると取り付け部分で絶縁してあるのがわかる．

　手すりはドアや貫通路の脇，運転室の後方仕切り壁など，乗客が立ったり通行したりする部分に設けられる．昔の国電は，ドアを入った中央に太い柱があって，これにつかまるようになっていたが，乗降の邪魔になるという理由だろうか，ラッシュには座席のなくなるJRの6扉車以外，最近の車両ではあまり見かけない．

　さきのアナウンスからも明らかなように，吊手や手すりは，急発進，急ブレーキ，急カーブなどの車両の動揺に対して立ち客が転倒しないための安全設備であり，全員が着席しているはずの航空機や，大きな横揺れのないエレベータなどには通常備えられていない．

　さて，これら吊手や荷物棚，手すり等は，最近では鋳物のブラケットとステンレスパイプの組み合わせで構成されるのが普通になっている．設計によって鋳物を多用してステンレスパイプは直管のみを使用しているケースもあれば，ステンレスパイプを2次元，3次元に曲げて鋳物をほとんど使わないデザインもある．しかし天井にはこの他にクーラや扇風機，天井灯，中吊り広告などがあってただでさえうるさいので，吊手や荷物棚はできるだけすっきりした目立たないデザインが好ましい．

9章　吊革，手すり，そして網棚

写真 9–1　ひと昔前の電車車内
吊手，網棚，手すりはそれぞれ別個だが，デザインに調和がありすっきりしている．ドア正面に柱がある．鶴見線のモハ12形国電．(1971年撮影)

写真 9–2　名鉄電車の吊手
吊手棒を使わず，天井直付けである．

写真 9–3　京成の車内アンテナ兼用吊手棒
左右に延びるのが吊手棒．右手前の枝とは絶縁されている．

吊手のいろいろ

よく見ると吊手にもいろいろ種類がある．まず手をかける環の部分が丸いもの，三角のもの，ベルト部分との関係で環が窓の方を向いているものと直角方向を向いているもの，環の代わりに握りを設けたもの，吊手棒を高くしてベルトを長くしたもの，逆に短いもの，ベルトにはめたバックルに広告を入れたもの，などなど．吊手棒を低くしてベルトを短くすると，背の高い人が直接吊手棒をつかむことのできる利点があるが，荷物棚への荷物の上げ下ろしに吊手棒が邪魔になる．最近では吊手の高さを一律にせず，ところどころにわざと低いものを混在させた車両もある．吊手棒をさらに低くして「つかみ棒」にしてしまい，吊手をなくした車両も登場したことがある．冬季に乗り込んだ乗客が冷えきった金属棒をつかむのをためらい，必ず手袋をしてつかんでいたという話も伝わっている．北総鉄道7000系電車の場合，結局その後この棒には短い吊手が取り付けられた．

金属製の吊手で，つかんでいないときはスプリングで窓寄りにはね上がるものは，遊んでいる吊手がぶらぶらしないので車内がすっきりする特徴があり，外国では現在も使われている．わが国でも一時もてはやされたが，メンテナンスに手間がかかるなどの理由からか，最近あまり見かけない．

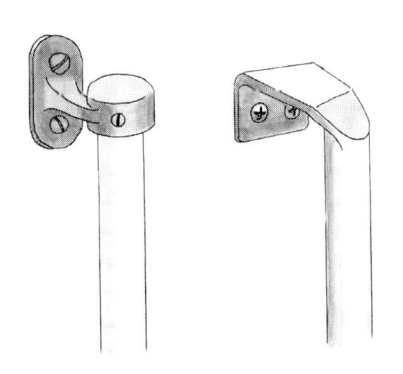

図9-1 手すりの今昔
左は昔の手すり．ほうろう鋼管と鋳物のブラケット．右は現在の手すり．ステンレス鋼管とステンレス板との一体構造．取り付け座を内側にしてねじを目立たなくしている．

9章　吊革，手すり，そして網棚

写真 9-4　ホンコン地下鉄の車内
中央に柱が並び，吊手は英国風の握り式である．

写真 9-5　マニラ近郊線の車内
吊手棒には吊手が見えない．もっとも最初からないのか，なくなってしまったのかは分からない．立っているのは車掌．

写真 9-6　スプリング式吊手
リコ式という．これは東京地下鉄道1000形（地下鉄博物館）のものだが，リコ式は1970年代まで使用された．

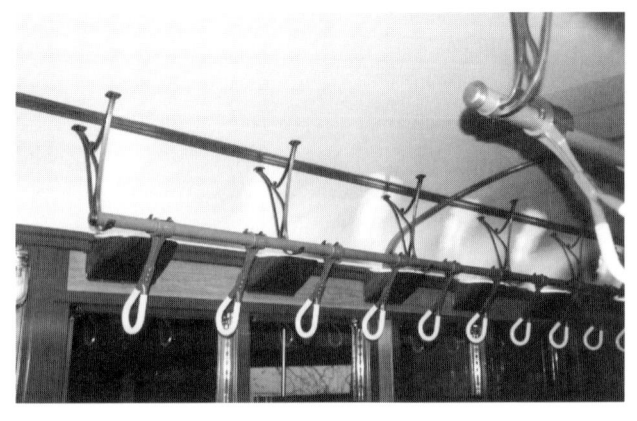

吊手は座席の前の立ち客の位置に1列設けられるのが原則だが，戦後の混雑時，2列ずつ設けたことがある．最近では，進行方向に対して直角方向の吊手棒を設け，車両中央付近の立ち客でも吊手がつかめるようにしている．この直角方向の吊手棒を後から設けた車両も多く，新製時からあった車両と見比べると違いがわかる．なお，混雑度がちがうのか，この直角方向の吊手は首都圏以外ではあまり見かけない．

手すりのいろいろ

博物館等に保存されている昔の車両を見ると，手すりは真鍮鋳物のブラケットに真鍮パイプというものが多い．真鍮パイプに代わって，白いほうろう引き鋼管が使われた時期もあった．また，金属の不足した戦時・戦後期には木製の丸棒も使われた．真鍮材にクロームメッキという時代を経て，現在ではブラケットはステンレス鋳物またはアルミ鋳物，パイプはステンレスである．ただし見た目には区別できないが，中側までステンレスのパイプの他に，表面だけをステンレスの薄板でくるんだ「ステンレスクラッドパイプ」というものも使われている．これについては追って説明する．

手すりが設けられている箇所の筆頭は，ドアの両側である．ここに立つ人が必ずいるからだ．つぎに貫通路の両側．これらは縦方向．そして座席もなしに広い壁面となっている運転室後方の仕切り部分や車椅子スペース部分．これらは水平方向である．

また，腰掛けの両端の袖仕切りの上方につかみ棒を設けることも現在の車両では当たり前になっている．さらに長手腰掛けの中間にもこれと同様のつかみ棒を設け，座席をいやおうなしに所定の人数で座るように仕切ることもあちこちの電車がやり始めた．

なお，客室ドアが手動であった時代，ドア脇の車両の外側にも手すりがあった．動き始めた車両に飛び乗ろうとする乗客がいたためであろう．手すりを設けるのはそのような行為を奨励しているようにも思えるが，ついていなくても飛び乗ろうとする乗客はいるだろうから，それなら手すりを設けた方がまだしも安全と考えられる．

運転台の乗務員ドアの部分には必ず外側に手すりがある（逆に車内側にはないようだ）．乗務員はホームから乗り降りするとは限らないから，この手すり（握り棒？）は低い位置にも設けられる．

9章 吊革, 手すり, そして網棚

108

写真 9-7　JR 103 系のブラケット
棚受けと吊手棒支持ブラケット, さらに腰掛端部のにぎり棒とを一体化させたため, 頭上がうるさいだけでなく, 製作, 取り付けもやりにくい.

写真 9-8　東急 7200 系の荷物棚
荷物棚と吊手棒とを結ぶ斜め部材が強度的にも無意味で, 見た目にも邪魔である. 最近の車両はこの辺がすっきりしている.

写真 9-9　銚子電鉄デハ 701 の荷物棚
ハンモック状の網が使われている. 現在も製造時の昭和 16 年頃の姿をとどめている.

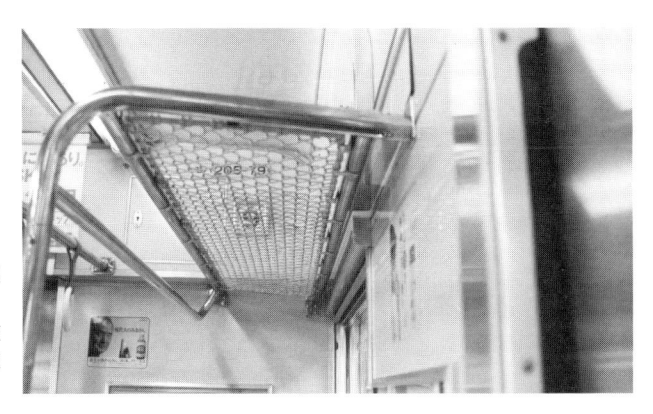

写真 9-10 JR 205 系の荷物棚
ステンレスの金網が使われている．中央快速線で現役である．

写真 9-11 南海 1000 系の荷物棚
半透明の樹脂板が使われている．ときどき掃除する必要がある．

写真 9-12 JR 成田エキスプレスの荷物入れ
航空機ムードはよいが保安上問題はないか？ JR 九州他にも似た例がある．

9章 吊革，手すり，そして網棚

写真 9-13 地下鉄銀座線車両の荷物棚
窓が大きいので，窓の上辺よりも荷物棚の方が低い．

写真 9-14 地下鉄銀座線車両の荷物棚
同じ窓を外側から見ると，荷物棚奥の透明な落下防止板がわかる．

荷物棚のいろいろ

　荷物棚も以前は木綿やナイロンなどの紐を編んだハンモック状の網が使われていたから「網棚」と呼んだわけだが，メンテナンスが大変だからだろうか，最近では金属の網やパイプを並べたものに代わり，さらに下から荷物が見える樹脂板なども使われる．JR 東日本の成田エキスプレス（NEX）は航空機の雰囲気を狙ってか，蓋の閉まる荷物棚を採用しているが，鉄道は航空機と違って乗車時に手荷物検査をしていないから，危険物を隠されても発見しにくいという問題点がある．

　荷物棚の高さも，上げ下ろしの容易さとの関係で重要な問題である．営団丸ノ内線は，トンネル外を走ることもある地下鉄ということで，開業時の 300 形電車は大きな窓が呼び物だった．この車両は元々ドア脇の戸袋の部分（ここの窓は小さい）にしか荷物棚がなかったのだが，不便なので全面に設けることになり，大きな窓の上では高すぎるので，窓の上辺よりも下に荷物棚が来ることになってしまった．この伝統を受け継いだ営団の他の路線でも同様の設計が見られる．下降窓やカーテンを操作するのに窓の上辺まで手が届かなければならないし，それには荷物棚が邪魔になるというわけで，荷物棚を少し前方へせり出させて裏側にスペースを作るといった工夫をしている．また，たまたま窓が開いていて，荷物棚に載せたつもりの荷物が窓の外へ落ちてしまっては困るので，荷物棚の奥は透明な樹脂板でふさいである．

　棚の一番手前に，棚から離れてつかみ棒を設けることは，例の戦後の 63 形電車あたりから始まったが，現在では当たり前である．混雑のはげしい場合，座席の真ん前に立った乗客は天井の吊手の位置よりも前進してここをつかむことを余儀なくされる．

車両用のステンレス鋼管

　吊手棒，荷物棚，手すりなどにはステンレス鋼管が多く使用されているが，一見同じステンレス鋼管でも，実は中まで全部ステンレスという「ステンレスソリッド管」と，中身は普通鋼の電縫管で，表面だけにステンレスが被覆されている「ステンレスクラッド管」とがある．

　「ステンレスクラッド」といえば通常はいわゆる「厚板」の一種で，原子力容器をはじめとする大型構造物などに使用される積層構造の鋼板

であるが，これと同じ原理で二重構造の電縫管としたのが，例えば「モリ工業㈱」が開発したステンレスクラッド管である．通常の電縫管の工程で鋼製の内筒を製造し，溶接部を仕上げたあと，これを抱き付けながら薄肉のステンレス帯鋼をかぶせて溶接する．車両用の一例をあげると，内側の鋼管の肉厚が 2.3 mm，表面のステンレスが 0.8 mm である．内筒と外筒とはずれたり，音がしたりしない程度に密着してはいるが，接合はされていない．内筒と外筒との溶接部（シーム部）は，位置をずらしてある．外筒は全断面溶け込みのアルゴンアーク溶接であるが，研磨仕上げを行うと溶接部は見た目には全くわからない．

　元来これはステンレス鋼が高価であった時代にコストを下げる目的で生まれた製品であるが，普通鋼とステンレス材との価格差が小さくなれば，当然，二重造管法によるコスト高との比較となるので，現在ではクラッド管が万能ではなく，ソリッド管もかなり使われているという．しかし吊手棒については現在もほぼ 100%，クラッド管が使用される．それには理由がある．吊手棒は吊り手1個毎に山形をしたずれ止め金具が取り付けられている．これは吊手棒に対してねじ止めであるから，吊手棒には，（吊手の数×2）個のねじ孔が加工される．ところが，管が中までステンレスだと，材料が硬いのでこのねじ孔のタップ切り作業が大変である．ステンレスが 0.8 mm 厚だけで，中が普通鋼なら作業が非常に楽なので，ここだけはクラッド管が使われるというわけである．

製造現場を訪ねる

ステンレスパイプ製品

共進金属工業㈱

大阪市平野区にある共進金属工業㈱は鉄道車両関係の金属加工を専門とするメーカーで，空調ダクトや燃料タンクなどの一般板金もののほか，手すりや荷物棚などのステンレス鋼管類を得意としている．

写真 9-15

これまでに訪ねた他の車両部品と違って独立の機能を有する機器ではなく製品に社名が表示されることもない全くの部品ばかりを製造しているわけで，機器を受注しているというよりは加工外注を請け負うといった業務形態であるにも係わらず，この工場もいち早く品質管理に取り組み，2000年7月にISO 9001の認定を取得している．登録証（写真は230頁）の登録範囲の1）には「鉄道車両用板金部品および化粧管部品の製造」とある．

9章 吊革,手すり,そして網棚

写真 9-16 握り棒の製造(その1)
定盤の上に置いてクランプで位置決めする.

写真 9-17 握り棒の製造(その2)
溶接作業.

写真 9-18 握り棒の製造(その3)
溶接部分のグラインダがけ.

車両用の鋼管類は典型的な多種少量生産で，かつ手作業の要素が多いため，設備としてはパイプベンダ（単純曲げだけでなく，最近の複雑なデザインのものに対応するため3次元ベンダも導入した），アルゴン溶接機，ハンドグラインダ，バフ研磨機などがある．

写真9-19　握り棒の製造（その4）
グラインダがけした溶接部．余盛りが削られた程度で，周囲の変色部も残っている．

写真9-20　握り棒の製造（その5）
バフ仕上げ．なめらかな光沢面に仕上がる．

9章 吊革，手すり，そして網棚

写真 9-21 溶接の済んだ手すり
この鋼管はヘアライン仕上げで，鏡面仕上げの冷たい感じがやわらぐので好まれる場合がある．

写真 9-22 出荷を待つ手すり
長くて曲がっているから，梱包や輸送はやりにくそうだ．

現場には，素材であるステンレスパイプが1本毎に樹脂フィルムに包まれたまま山積している．これを曲げ，あるいは継手を溶接して吊手棒や荷棚受け，あるいは手すりに加工してゆくわけであるが，鏡面に仕上げられたパイプの加工に必要のない部分はなるべくそのままにするため，フィルムは必要最小限を破いて，あとは残しておくという．パイプを切断し，端面の仕口を曲線に仕上げて溶接し，溶接部分の余肉を砥石，ペーパーディスクなどのグラインダで削ったあと，別棟で乾式バフ仕上げする．バフ加工は外注する場合もあるが，いろいろなケースを考え3名のバフ工を社内に残しているという．

　グラインダ加工の過程ではすじ目もあり，溶接熱で変色した部分も残っているが，バフ仕上げを終わるとツルツル，ピカピカのなめらかな表面に変わっている．なお，鉄道車両でも構体外面などのステンレス板はダル加工（梨地）かヘアライン仕上げが普通だが，乗客の手に触れるパイプ類は通常鏡面加工である．疵がつきにくいとか，清掃がしやすいなどの理由によるのだろう．

写真 9-23　海外地下鉄向けの握り棒
ウレタン塗装でブルー色をしている上に，3次元に曲がった複雑な形状である．

取り付け構造

　仕上げの終わったものは最後に取り付け面とねじ孔を機械加工する．溶接の段階で，取り付け座などが同一平面になるように定盤にクランプしながら作業が行われるのだが，取り付け面は1つの平面とは限らない．同じ金物の一方の端部が天井の曲面に，他の端部が垂直の壁に取り付けられるというような場合の方がむしろ多い．勿論図面どおりに加工はするが，いざ実際に車両に取り付けるときになって孔が合わないなどということはないのだろうか，と心配になるが，この業界では「移し孔」が原則となっているのでトラブルはあまりないという．「移し孔」とは，「現物合わせ」といってもよいが，取り付ける側（例えば金物）にはねじ孔を明けておくが，取り付けられる相手（例えば壁）には孔を明けずにおき，取り付け段階で現物のねじ孔を移して孔明けをするのである．それにしても，実際の車両にはドアとドアの中間の壁面全長にわたって継ぎ目のない一体のパイプ構造とするなど，作る方の苦労をつい思ってしまうような設計の棚や握り棒も，まま見受けられるのである．

　なお，壁面への取り付けなどで，手すりなどは通常ねじが見えているが，棚受け部のパイプなど，どうやって固定してあるのか見た目には分からない場合がある．一般に建築関係でも「釘隠し」という思想があるためもあるが，鉄道車両の場合，いたずらで取り外されたりしないように，という配慮も働くのであろう．壁から直角にパイプが突き出しているような箇所は，図9-2に示すようにパイプの端面にボルトを植え込み，壁の裏側からナットで固定したり，パイプの端面に詰め物をしてそこにねじ孔を明け，同じく壁の裏側からボルトを入れて締めつけるなどの構造が採用されている．また手すりの類では，手で触れる部分にはパイプ

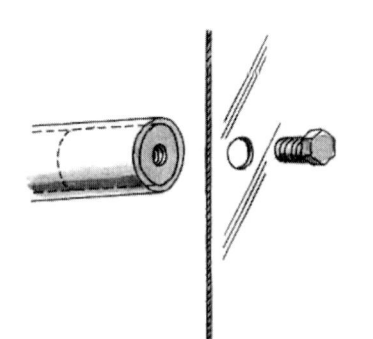

図9-2　パイプの壁面への取り付け構造
このようにボルトをねじ込むか，ねじを植え込んで壁の裏側からナットで締めつける．

の継ぎ目や，パイプとブラケットとの境目，ねじの頭などが来ないように設計されているという．

取り付けねじの見える場合は，皿ねじを使用するのが普通である．これも昔はマイナスねじだったが現在はプラスねじで，正式名称は「十字孔付き丸皿小ねじ」である．ところで，皿ねじというものは見かけは大きくてもねじの有効径は小さい．例えば頭の直径が 12 mm 近くある皿ねじは，M6（呼び径 6 mm のメートルねじ）であるが，このねじの有効断面積は $20.1\,\mathrm{mm}^2$ であり，わずか直径 5 mm の棒に相当する断面積しかない．

棚受けブラケット

ステンレスパイプで一体に製造する構造以外の吊手棒取付ブラケット，棚受りブラケットなどには，一般にアルミ鋳物が使用される．適当な製造現場が見つからなかったので，以前このようなものを手掛けていたという東京都葛飾区の㈱オーワでお話を聞くにとどまったが，こうしたブラケット類はいずれもどちらかといえば平たい形状なので鋳造がやりにくく，金型を水平に近い角度に傾斜させて保持し，引け巣や欠陥が表面に残らないように苦労するという．鋳造後，取り付け座部分等の機械加工を行い，続いてサンドブラストで表面の肌を仕上げ，最後にアルマイト処理をする．いわゆるメタリック塗装のように表面が鈍く銀色に光っているのはサンドブラストのためで，アルマイト処理以外，特に塗装は行わないとのことである．

写真 9-24　棚受けブラケット
完成品のサンプル．京王電鉄 8000 系電車用．
（東京都葛飾区の㈱オーワで）

10章　車内放送装置

車内放送の歴史

　ときに「うるさい」とか「余計なお節介」などと新聞の投書欄をにぎわせる電車の車内放送だが，戦前から終戦直後までの汽車・電車にはこんなサービスはなかった．車掌が人声を張り上げて駅名をいう位のもので，車掌から遠い乗客には何の案内もなかったのである．ところが最近では「普通鉄道構造規則」（旧運輸省令）の第 191 条「車掌室」の 3 項において，

　　旅客列車の運転の用に供する車掌室には，（中略）次に掲げる装置を設けなければならない．
　　一　車内放送装置の送信装置

と，いの一番に掲げられていたし，第202条「車内放送装置」では，

> 旅客車には，車内放送装置を設けなければならない．ただし，もっぱら車両1両で運転するものにあっては，この限りではない．

とあり，つづいて2項に，

> 車内放送装置は次の基準に適合するものでなければならない．
> 一 すべての客室に放送することができるものであること．
> 二 主たる電源の供給の絶たれた状態においても機能するものであること

との規定があった．

聞いたところでは，営業運転中に放送装置の不良が発生したら，その列車は運転打ち切りになるそうである．戦前にはなかったものが，今やドアやヘッドライトなどと並ぶ重要な機器とみなされるようになっているのである．

その車内放送装置が，いつ，どのような車両に初めて採用されたのかははっきりしないが，後にご紹介する八幡電気産業㈱の社史には，「1952（昭和27）年はじめて実用化に成功し，早くも同年に民鉄各社に採用された」と記載されており，国鉄は3年後の昭和30年に試験採用，昭和32年のモハ90形新性能電車で本格採用とのことである．たしかにこの年代は大手私鉄を先導に，国鉄は一歩遅れた形で電車の性能が飛躍的な向上を見せ，鉄道車両界においても「もはや戦後ではなくなった」（経済白書のそれは昭和31年度）輝かしい時期に相当している．電車が編成単位で製造され，運転されるようになったのもこの頃からである．放送装置を持たない既存の車両に放送装置つきの新車が1両連結されても使用できなかっただろうから，電車の側から見ても放送装置の登場は時宜にかなっていたといえる．

なお，英語ではスピーカを使って群衆にメッセージを流すシステムのことをPublic Address，略してPAという．車内放送もPAの一種である．

さまざまな技術改良

車内放送の技術面の進歩をごく駆け足でたどってみよう．

初期に考えられたものは集中増幅形といい，これは列車の1ヵ所に大

10章 車内放送装置

122

写真 10-1　案内放送中の女性車掌
地方私鉄ではかなり以前から女性車掌を採用しているが，これは静岡県の遠州鉄道の電車．(1974年撮影)

写真 10-2　車内にある分散形増幅器
放送中はパイロットランプ（矢印）が点灯する．これはJR常磐線103系電車．

写真 10-3　車内両端にあったスピーカ
旧型客車では両端の櫛桁部のみにスピーカがあった．これはJR北海道のオハフ33形客車．

容量の増幅器を備え，ここから各車両のスピーカを鳴らす方式であり，いわば職員室の片隅にある放送室から各教室に向けて放送する小中学校の校内放送のようなシステムである．使用目的も必ずしも現在のような案内放送ではなく，イベント列車の団体輸送用ということもあったらしい．しかし集中式は，途中駅で増結・分割を行い連結両数の変化する列車の場合対応しにくいなどの問題点があった．しかし一般列車に車内放送が本格採用されるようになった頃にはすでに現在の分散式が開発されており，以後基本的にはこの方式がそのまま引き継がれている．分散式は，各車両に出力増幅器を設け，先頭車両の制御増幅器が各車両の出力増幅器を駆動してスピーカを鳴らす方式である．当初の放送装置には真空管が使われていたが，やがてトランジスタ化された．デジタル化も進んでいる．

　また当初は車両中央1カ所に両方向スピーカを1基設けたり，両端だけにスピーカを設けたりしていたが，当然近くでは大音響になり，遠くでは反響してききとりにくいなどの問題点があったが，最近では小型のスピーカを多数配置するように変化している．音量についても最近のものは，例えばトンネルに入ったり，鉄橋にさしかかったりして車内の騒音レベルが上がると，これを検知して放送音量を自動的に上げる機能も持っている．

　また，車掌が行うアナウンスから，予め録音したメッセージを適宜放送する自動放送へと移行しつつある．これも，以前は列車の走行位置を見ながら車掌がテープデッキのボタンを押していたのだが，最近のものは列車が放送地点に近づくと自動的に放送が行われる．これは，列車の現在位置などの運転情報がリアルタイムで得られる列車総合管理システム（メーカーによって TIMS：Train Information Management System とか TIS などと呼ばれる）が開発されたおかげで，うまくこれに連動させているのである．さらに運転手が非常ブレーキを掛けると，これに対応して自動的に注意アナウンスが流れる機能もある．録音媒体もオープンリールテープからカセット，そして IC に代わり，容量もぐっと増加したという．なお車掌がマイクを使用すると，自動放送よりも優先して放送される．

　特急列車や新幹線列車では，アナウンスの前にオルゴールのメロディが流れる．通勤列車と違って放送のタイミングがパターン化していないので，放送前に予め注意を喚起するためである．ほんの一瞬のこのメロ

写真 10-4　吊り下げ形スピーカ
当初車両中央にあったが，冷房化工事により脇に移された．これもJR常磐線103系電車．

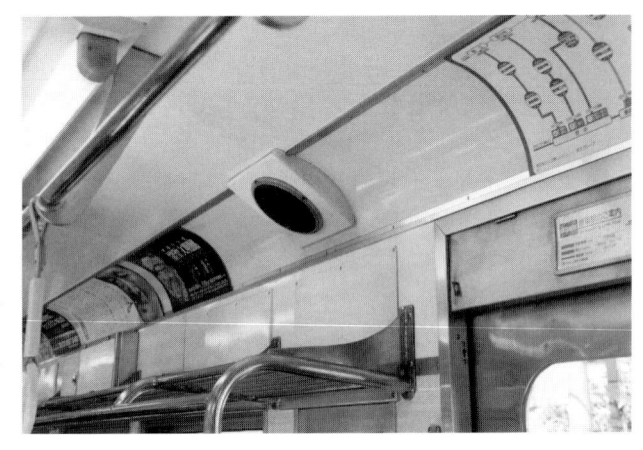

写真 10-5　分散形スピーカ
まだ完全に埋め込まれてはいない過渡期のタイプ．京王井の頭線の旧形電車に残っている．

写真 10-6　天井埋め込み形スピーカ(矢印)
冷風吹き出し口，吸い込み口，換気孔などにまぎれて，スピーカは目立たない．
(京王井の頭線3700形)

ディについても，乗客の評判などから試行錯誤が繰り返されたという．

　冒頭に記した苦情に対するソフト面の対策としては，慣れた乗客の多い通勤時間帯の放送内容を簡略に駅名だけとしたり，JR西日本の新幹線「ひかりレールスター」では全く放送を行わないサイレンスカーを設けるなど，鉄道会社側でもいろいろの工夫をしている．自動放送の録音はプロのアナウンサーに依頼してスタジオで行うそうだが，面白いのは東京以外の鉄道会社の場合，標準語で録音すると必ず「土地のアクセントと違う」という苦情が寄せられることで，これを考慮する方言志向（？）の鉄道と，あくまで標準語でいく鉄道とに分かれているそうである．

　なお，車両に備えられる放送設備には，客室内に放送するものの他に車両の外側に放送するものがある．これは放送設備のない駅や，駅員のいない駅でのホームの乗客に案内するもので，車両の外側に取り付けられた車外スピーカから放送が流れる．これの変形だが，京浜急行の電車では車掌がワイヤレスマイクを持っており，これから駅の放送設備を使って案内放送をしている．

写真 10-7　車外スピーカ
連結面を利用して設けられている．JR南武支線の101系電車（現存しない）．

写真 10-8 車外スピーカ
側面窓上に1両あたり片側2個埋め込まれている．京王線9000系電車．

写真 10-9 駅で放送中の車掌
ワイヤレスマイクを手に放送している京急の車掌．

製造現場を訪ねる

車内放送設備

八幡電気産業㈱

　ここでご紹介するのはわが国で車内放送装置を実質的に独占的に開発し，納入しているというユニークな会社，八幡電気産業㈱である．京急・平和島駅近くの旧東海道沿いにある6階建ての小ぎれいなビルの中が本社と工場になっている．もっとも工場といっても製品の性質上，社内で1からすべて製造するというのでなく，むしろほとんどが外注であり，ここでは性能テストや検査が主体である．玄関ロビーには2002年10月取得のISO 9001 (2000)（17章参照）の登録証のレプリカが飾られている．

写真 10-10

写真 10-11

まず社名のいわれを伺ったところ，八幡というのは創業者の名前でも本社の所在地でもなく，何とあのエジソンに由来しているとのこと．創業は昭和26年であるが，初代社長の飯田徹男氏はエジソン翁を深く尊敬しており，エジソンの白熱電球のフィラメントに京都・八幡山の真竹が使われたことから「八幡」を社名としたとのことである．余談になるが，当時のエジソンが何と6000種以上の植物繊維をテストして思わしい結果が得られず悩んでいたとき，ふと眼に止まったのが実験室にあった日本のうちわであり，そしてその骨を使って1000時間以上灯り続ける電球の発明に初めて成功したのである．これが八幡の竹だった．やはりこの縁で，エジソンの生まれたアメリカのマイラン（Milan, Ohio）と八幡市とは現在友好都市の関係にあり，石清水八幡宮の境内には有名な「1％のひらめきと99％の汗」と記した「エジソン記念碑」があるとのことである．

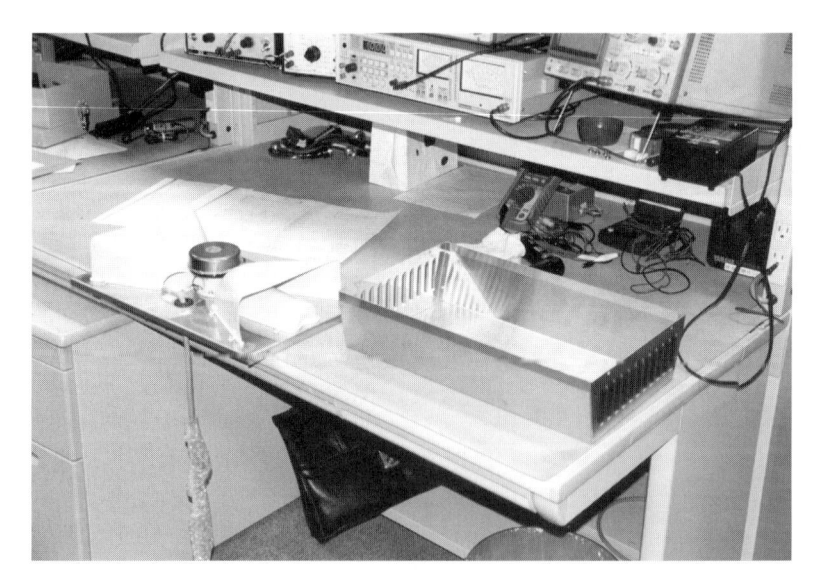

写真 10-12　吊り下げ式スピーカの内部
カバーを外したところ．左が中身で，双方向スピーカが入っている．

6階の会議室からエレベータで4階に降りると，室内は出荷を待つ製品がぎっしり並んだ棚と，検査員の机とで一杯である．製品はあるいはフィルムに包まれ，あるいはクッション材にくるまれて並んでいるがこれから箱詰めして出荷されるのだろう．いくつかフィルムをはがして見せていただく．電話の送受話器形をしたものは乗務員間の通話器だろう．新品以外に旧型品の補修品も混じっているためか，旧形の大きな吊り下げ式スピーカも見える．一方最近のスピーカは小型化して厚みも小さく，天井に埋め込んでしまうと一見どこにあるのかわからない位である．スピーカのコーンも当初の金属から最近のものは紙に変わり，音質が向上するとともに軽量化している．

写真 10-13　天井埋め込み式スピーカ
やや旧型のものと，新しい小型のもの．

写真 10-14　ハンドマイクの中身
蓋を取ってみたところ．

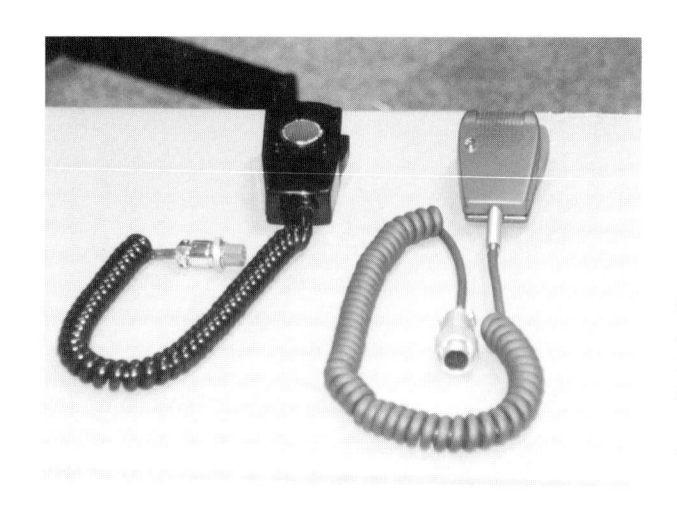

写真 10-15　新旧のハンドマイク
大きさが特に異なるわけではないが，右の新しいものはスマートである．

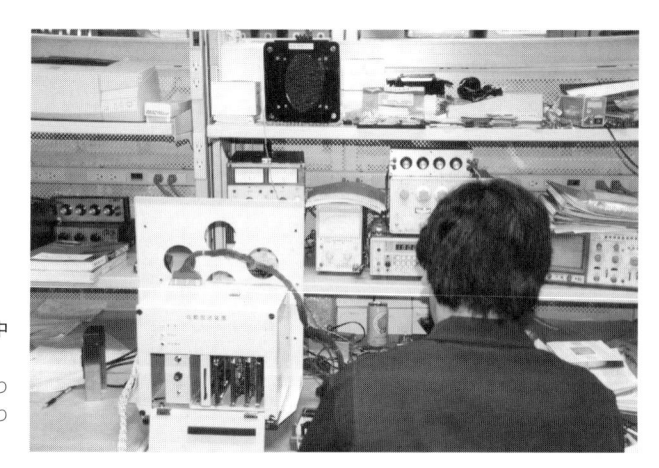

写真 10-16　テスト中の自動放送装置
モニタで聞くかたわら，記録，計測が行われている．

　　車掌用のハンドマイクも新旧並べて見るとずいぶん最近のものはスマートになっている．押しボタンが2つついているのは，一方が車内放送用，もうひとつが車外スピーカ用とのこと．
　　ひとつの机では「自動放送装置」のテストが行われていた．放送されている駅名で判断すると，地下鉄南北線乗り入れの東急車用らしい．始発から終点まですべてを聞くのかと余計な心配をしたら，チェックポイントだけを飛ばして聞いているのだそうである．

11章 その他の通信装置

車内放送以外の通信設備

　前章でご紹介した車内放送システムの他に，鉄道車両には少なくとも3つの通信システムがある．それは，

- 乗務員相互（運転士と車掌）間　　　　　［通話装置］
- 乗客から乗務員へ　　　　　　　　　　　［非常通報装置］
- 運転指令と乗務員間（場合によっては列車相互間）
　　　　　　　　　　　　　　　　　　　　［列車無線］

である．登場したのもほぼこの順といってよい．最近の車両の運転室を覗くと送受話器が何組もあるのがわかる．これらの各システム毎に別の送受話器を使用するためである　ではそれぞれを簡単に見ていこう．

11章 その他の通信装置

132

写真 11-1 運転台にあるブザー
合図を示すシールが貼ってある．右は通話装置のマイク，その右が列車無線用の送受話器．都営地下鉄浅草線の 5300 形電車．

写真 11-2 車内にある非常通報器
このボタンを引くとブザーが鳴り運転手に通報される．京成 3600 形電車．

写真 11-3 非常停止弁
赤い玉を引くとブレーキ管が排気されて非常制動がかかる．乗務員室内にあり，新しい車両では電気スイッチに変わっている．東武野田線電車．

乗務員相互間の通信システム

　乗務員相互間には古くからブザーによる合図システムがあり，これは現在も残っている．会社によって押し方が決められており，例えば車掌から運転士への「発車してよい」の合図は「ーー」，「停止位置を直せ」は「・・ー」，運転士が車掌を呼び寄せるときは「運転士の方に来れ」の意味で「ー・ー」などである．少々込み入った会話は電話の方が便利だから，ブザーは定常的な場合にしか使われていないようだ．「電話にかかれ」というブザーの合図もある．

　余談になるが，ブザーすらも満足に整備されていなかった終戦後の混乱期，ブザーの代用となる車掌から運転士への発車の合図は室内灯をパッと一瞬点灯することだった．夜間は逆に室内灯を一瞬消すのである．

　さて本題の前後の乗務員室間の直通電話であるが，毎度引用する旧運輸省令「普通鉄道構造規則」の第201条（通話装置）には，「送信および受信は，乗務員相互間のみで行えるものであること」などが規定されている．顔の見えない音声による通報が車掌からなのか乗客からなのか区別できていないと，誤解が生じるおそれがあるからであろう．

非常通報装置

　乗客からの非常通報装置は，急病人が出たとか，火災が発生したなどというときに乗務員に通報するために使用する．1951（昭和26）年の桜木町事故の直後から，当の国電を皮切りにいち早く取り付けられたのは同じ目的の非常通報器で，つまみを引くとその箱の中と前後の運転室でブザーが鳴り，その車両の側面のランプが点灯するというものであった．首を出せばどの車両からの通報かわかる．一旦引いたつまみは，乗務員がかけつけて確認，手配を行い，キーを使ってロックを解除するまで戻らないようになっているから，軽い気持ちでうっかり引いてしまうと，大変な騒ぎになる．

　「普通鉄道構造規則」の第203条では，

　　旅客車には，非常通報装置を設けなければならない．ただし，非常停止装置を設けたものおよび専ら車両2両以下で運転するものについては，この限りでない．

11章 その他の通信装置

134

写真 11-4 非常通報装置
押しボタンとマイクがある．左隣は非常用のドアコック．福岡市営地下鉄．

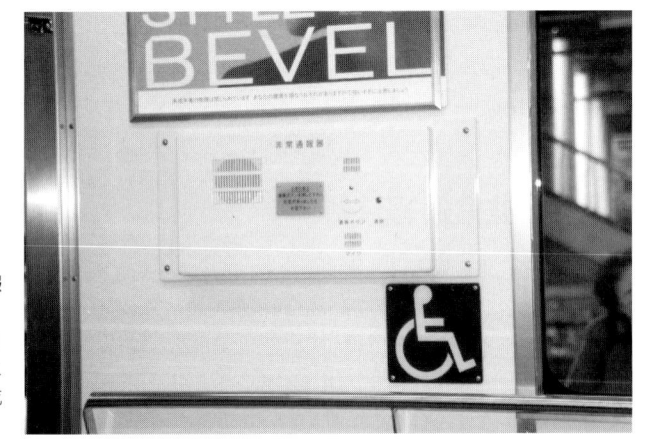

写真 11-5 非常通報装置
マイクの他にスピーカも見える．車椅子席に設けられている．京成 3700 形電車．

写真 11-6 空間波用屋上アンテナ
JR と小田急で方式が違うのか，同じ空間波でもアンテナが 2 種類見える．誘導無線用アンテナは別にある．地下鉄千代田線の電車．

としており，1両で運転されるローカル列車や路面電車などには不要としているが，これは当然である．非常停止装置というのは通称「からす瓜」，非常弁ともいい，紐でぶら下がっている赤い玉を引くと非常ブレーキがかかるというもので，昔からあるが，いたずらなどで非常停止するとかえって事故を招くので，最近ではこれは乗務員用として乗務員室内にとどめ，客室には直接ブレーキが作動しない非常通報装置を備えるのが普通である．新しい非常通報装置には押しボタンがあり，これを押すと乗務員と話ができるインターホン形式になっている．一定時間（5～7秒）経っても乗務員から応答のないときは乗務員自身もどうかしている可能性があるので，自動的に通報先が切り替わり，地上の運転指令に連絡がとれるようになっている．

列車無線

運転指令と乗務員との通信は，昔の車両では考えられなかったものだ．以前であれば，走行している列車に指示を出すにはまず接近中の駅に電話し，やってくる列車を待ち受けて駅長が伝言を伝えるという方法しかなかったから，すでに発車してしまった列車を緊急停止させることができず，なすすべもなく正面衝突させてしまうという，悲惨な事例も多かった．現在ではリアルタイムに指示が伝えられるから，大きな進歩である．双方向の通信システムだから，地上の運転指令から各列車に指示するだけでなく，列車から運転指令へも，また列車から他の列車へも通話ができる．

1962（昭和37）年の国鉄・三河島事故は，下り貨物列車が赤信号を誤認して電車線に進入して脱線し，下り本線を支障しているところへ下り電車が来て接触，これも脱線し，今度は上り本線を支障したところへ上り電車が進入して脱線，大破したという二重事故で，死者160人，負傷者296人という結果となってしまったが，下り電車の脱線から上り電車の進入まで約6分の時間があったといわれ，この間に上り電車に通報ができれば少なくとも第2の事故は防げたのである．

普通鉄道構造規則では第164条の「保安通信設備」のほか，「保安通信設備の車上設備」として第216条に車両側の基準が示されており，

一 停車場または運転指令所との間で，送信および受信ができること

11章　その他の通信装置

写真 11-7　誘導無線用棒状アンテナ
連結面を利用して取り付けられている誘導無線用アンテナ．トンネル側面に張られた誘導線に対応する．東京メトロ千代田線に乗り入れる JR 常磐線電車．

写真 11-8　線路内に敷設された誘導線
直接結合方式は誘導線が 2 本で，地上区間では主として線路内，レールの内側に敷設される．車両側は床下アンテナで対応する．東京メトロ千代田線綾瀬駅．

写真 11-9　間接結合方式の誘導線（矢印）
誘導線（1 本）は仲介となる電車線に近い位置に，ホームでは屋根の下に張られている．京成線勝田台駅．

二　車内放送装置および非常通報装置と兼用のものでないこと

などが盛り込まれている．

空間波無線と誘導無線

　列車無線の方式は，空間波無線（SR, Space wave Radio）と誘導無線（IR, Inductive Radio）に大別される．空間波は無線タクシーやラジオ，テレビと同じようなもので，発信アンテナから大空に発射された電波を受信アンテナがキャッチする．車両用は通常は150MHz帯のVHFを使用し，電界の弱まるトンネル内等は漏洩同軸ケーブル（LCX, Leakage Coaxial cable）を併用する．新幹線では全線にわたってLCXが敷設されている．空間波無線派の代表はJRだが，私鉄でも東武，西武，名鉄，阪急，近鉄など多くの会社が採用している．

　一方の誘導無線は，線路に沿って張った誘導線と車両との間で音声信号をやりとりする方式で，トンネルや線路脇の遮蔽物などに影響されることがないから地下鉄向きである．前章でご紹介した八幡電気産業が営団地下鉄（現・東京メトロ）と共同開発して1959（昭和34）年，地下鉄日比谷線で初めて実用化された．空間波に比べて電波の飛ぶ距離がきわめて短いから他の通信系への影響や混信のおそれも少なく，法規上の扱いも一般の無線通信と異なる部分があり，保守に有資格者が要らないなどの利点もある．踏切事故等で誘導線が切断されると通話不能になってしまうこと，車両側の送信アンテナがやや大型になることなどが強いて言えば難点である．

　誘導線を2本張るもの（直接結合という）と，1本は電車線（架線）やレールを利用し，ケーブルは1本のみという大地帰路方式（間接結合）とがある．東京メトロは前者，京成－都営地下鉄浅草線－京急は後者である．電車線そのものを誘導線として利用する方式もあることはあるが，列車の位置で信号がほとんど接地吸収されてしまいその先に伝わらないので，列車本数のごく低い路線しか採用できない．大井川鉄道はこの方式である．

　誘導線の敷設位置は線路内，トンネル側面，空中など線路条件によって選択でき，車両側のアンテナもこれに合わせて床下，連結妻面，屋上などに設けられる．

写真 11-10　モニタスピーカ
乗務員室の天井にある通話装置と列車無線用のモニタスピーカ．右側は防塵袋．
（この写真以降は八幡電気産業㈱での撮影）

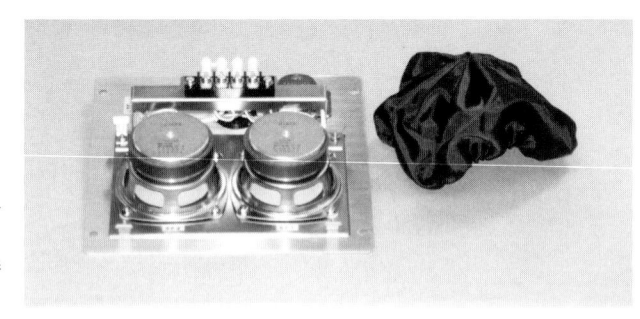

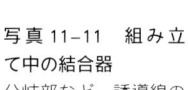

写真 11-11　組み立て中の結合器
分岐部など，誘導線のインピーダンスが変化する部分に，マッチングをとって接続するための結合器が設けられる．

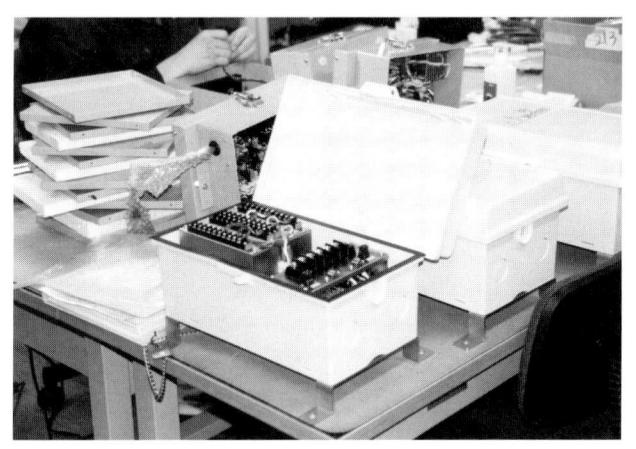

写真 11-12　誘導無線用固定局
線路脇に 4〜5km 間隔でこのような固定基地局が設置される．

相互乗り入れと列車無線

　近年盛んになった郊外路線と都心の地下鉄との相互乗り入れも，列車無線という観点で見ると実にややこしいことになっている．相互乗り入れ開始時期にすでに列車無線を装備していたかどうかで事情が変わってくるのであるが，鉄道各社がそれぞれ独自の方式を選択した結果となったATSのケースと同じようなことが言える．

　地下鉄として初めて誘導無線を実用化したのは前記のとおり営団日比谷線であるが，当初の開業区間は地下鉄線内の南千住～仲御徒町間であった．1962（昭和37）年東武伊勢崎線と，1964（昭和39）年東急東横線と相互乗り入れを開始するのに伴い，乗り入れ用の車両についてそれぞれ乗り入れ先の両社がすでに採用していた空間波（同じ空間波でも東武と東急では仕様が異なる）列車無線を追加搭載している．

　地下鉄千代田線も同様で，この線に乗り入れるJR常磐線と小田急線の車両はいずれも自社線内は空間波方式だが，千代田線内のために誘導無線を搭載し，切り換え使用している（写真11-6）．中野と西船橋でそれぞれJRに乗り入れる地下鉄東西線も同じように二重設備となっている．

　一方都営浅草線の場合は，乗り入れする京成，京急の2社が乗り入れ開始に合わせて列車無線を装備したため，最初から浅草線と同じ方式を採用した．その結果，現在たとえば北総線の印旛日本医大発羽田空港行きの列車などは，北総線，京成線，都営浅草線，京急線という4つの路線を走ることになるが，間接結合の誘導無線という一種類の設備のみで対応できる．ただし会社毎に運転指令の守備範囲が分かれるので，京成と京急（これを地上線と呼ぶ），浅草線と北総線（地下線と呼ぶ）をそれぞれ同じ周波数として，2種類の周波数を切り換えながら走っている．

　東京メトロ（旧営団地下鉄）は本来誘導無線派であるが，東急目黒線との相互乗り入れを前提に建設された南北線のみ，最初から東急に合わせて空間波無線を搭載した．同じ目黒線に乗り入れることになった都営三田線は当初浅草線と同じ間接接合方式の誘導無線を装備していたが，乗り入れ開始に際して空間波に変更した．結果としてこれら3線（南北線が乗り入れる埼玉高速鉄道を加えると4線）は空間波に統一されている．

　都営地下鉄の新宿線は，京王線と相互乗り入れしている．京王線はは

写真 11-13 誘導無線用地上装置
都営地下鉄用送受信装置. 中は IC 基板がびっしり.

写真 11-14 温度試験装置
内部温度を $-20℃$ 〜 $+60℃$ の範囲で保持でき, 機器の耐温度性能をテストする. 運転台の天井裏は夏季, $90℃$ 近くにもなるという.

じめ新宿線と同じ誘導無線だったが，1993（平成 5）年にわざわざこれを空間波に変更したので，新宿線とは別方式となってしまった．なお他社線乗り入れのない都営大江戸線は漏洩同軸ケーブルを使用する空間波方式である．

なお，方式の異なる路線に乗り入れるケースでは，アンテナや送受信器は 2 セット持たなければならないが，乗務員の扱う送受話器だけは兼用のものが使用できる．

防護発報

列車無線には音声信号による通常の指令無線のほかに，防護発報とか非常発報と呼ばれるシステムが併設されている．送信は乗務員がボタンを押すだけである．前記の「非常通報装置」が乗客から乗務員に通報するためのものであるのに対して，これは第 1 発見者，通常ならば運転士が，他の列車や運転指令所に通報するものである．指令無線が 150 MHz 帯の VHF だったとすれば，防護発報は 400 MHz 帯の UHF というように，仕様を変えてある．この信号を発することにより，前後約 1 km 以内にいる他の列車に緊急事態発生を伝え，二重事故を回避するのである．このシステムを利用して，大地震発生の際，これを検知して自動的に全列車を非常停止させることもできる．

これら通信システム関連の組み立て，試験の様子は，左頁の八幡電気産業㈱での写真をご覧いただこう．

12章 前照灯，尾灯など

前照灯，本当は前部標識灯

　鉄道車両の前照灯は自動車の前照灯とは根本的に異なる存在であることを一般の方は御存じないだろう．自動車の場合，車両保安基準等で，前照灯の走行ビームは100m前方の障害物を視認できる性能が求められている．また道路構造令では，道路の設計に際して設計速度に応じて，時速40kmであれば40m，80kmならば110mの見通し距離を要求している．これは例えば夜間，見通し距離110mの道路を時速80kmで走っているとき，前照灯によって100m前方の障害物を見分けることができるということであり，前照灯は運転者が安全に走行するための必須の道具と考えられているわけである．

　一方鉄道車両ではどうか．実は毎度引用する「普通鉄道構造規則」に

はそもそも「前照灯」という言葉自体が存在せず，その代わりにあるのは「前部標識灯」なのである．第205条「前部標識灯」を見ると，

　一　夜間車両の前方から点灯を確認できるものであること
　二　灯光の色は，白色であること
　三　車両中心面に対して対称に取り付けられたものであること

等が規定されている．また［鉄道運転規則］第233条「列車標識の表示」に示されている表を見ると，

　　前部標識……列車の最前部の車両の前面に白色灯1個以上（昼間にあっては掲げないことができる）

となっている．

　もうお分かりだろうが，前部標識灯は運転士が前方の障害物を視認するためのものではなく，列車進行方向にいる地上の人が接近する列車を視認するための標識なのである．

　実際イギリス国鉄（BR）は1958年に機関車や電車の前照灯を一時全く廃止した（最近は復活している）．英国では鉄道線路の道路との立体交差が完備しており，たまに踏切があっても列車が通るとき以外は線路の方を柵でふさぐような構造だから運転士は前方の障害物などを監視する必要がないのだというのだが，本当だろうか．ともかく法令の上ではわが国でも前照灯は不要で，列車は夜間はただ白色灯を掲げて走ればよいのである．なお，後部を示す赤色灯についても同様で，鉄道車両ではテールランプではなく後部標識灯という．

　最近，道路の車も鉄道車両も昼間点灯が常識になりつつあるが，これは歩行者等から接近する車両が認識できることを目的にしており，これこそが前部標識灯の第1の使命なのである．

　なお本稿では，以上のことを踏まえた上で「前照灯」の名称を前部標識灯の同義語として用いることとする．

ランプ（電球）の歴史

　さて，いくら法令上ただ点灯していればよいといっても，現実には前方を監視しながら運転している運転士にすれば視野が明るいに越したことはない．前照灯の歴史は，より明るいものへの進化である．

12章　前照灯，尾灯など

144

写真 12-1　前照灯のない英国の電車
あるべきものがないと，見た目にもどうも収まりがわるい．ロンドン市内の Barking 駅で．（1977 年撮影）

写真 12-2　昔の前照灯
屋根端部の傾斜部分に簡単なブラケットで取り付けている．右側のヒンジでレンズ部分が開いて電球を交換できる．上田交通，別所温泉駅構内の廃車．

写真 12-3　昔の前照灯
ブラケット下部に光軸を調整するねじがあるのがわかる．東急の保存電車モハ 510 号．宮崎台，電車とバスの博物館．

明るさの根幹となるのは，何といってもランプ（電球）そのものである．その歴史を簡単にたどってみよう．なお，この項目については，自動車用電球のわが国における代表的メーカーである㈱小糸製作所本社でのお話と，同社から頂いた（社）日本電球工業会発行のパンフレット『自動車用電球ガイドブック』を参考とした．

　エジソンの白熱電球の発明は1879年のことである．わが国においてさえ，鉄道の歴史はそれより古い．だから，それまでの前照灯は当然石油ランプであったろうと思われる．電球が出現すると，電気系統を持っている電車や電気機関車はいち早くこれを前照灯や室内照明灯として採用したことだろう．電球のフィラメントの位置を焦点とする反射鏡を後方に配置し，前面にレンズを備えた短い円筒状の灯具は，その後長らく使用されることになる．

　ここでやや脇道にそれるが，反射鏡は金属板か，表面にアルミ等の金属を蒸着させたガラスである．そのガラスに微量のウランを添加すると緑黄色の蛍光を発する美しいガラスができる．美術工芸品としても珍重されるが，これを前照灯の反射鏡に使用するとまぶしさが軽減されるということで，「ゴールデングローライト」の名で1927（昭和2）年に小糸製作所により商品化され，日本国内はおろか満洲中国まで，まさに一世を風靡したという．ウランが軍需品のため米国の対日禁輸措置によって入手できなくなり，1942（昭和17）年頃で生産が打ち切られたというが，現在でも各地の保存機関車などに破損せずに残っているものがかなりあるといわれる．ブラックライトで紫外線を照射すると蛍光を発するので識別できる．なお，ウラン入りガラスをレンズではなく反射鏡の方に使用したのは，光が2回透過するので効果が大きいこと，破損しにくいことなどの理由によるものであろう．この件については，2003年3月号の『鉄道ファン』誌に，大森潤之助氏の詳しいレポートがある．

　さて本題の白熱電球であるが，当初の炭素フィラメントを封入した真空電球から20世紀初めになって相次いでタングステンフィラメント，ガス入り電球，二重コイル等へと改良が加えられ，1939年には米国で前面レンズ，電球，反射鏡を密着して三者を一体化したシールドビームが発明された．これまでの灯具では電球を交換する場合は前面のレンズになった蓋を開く必要があったから，レンズの周囲をゴムのパッキンで防水する一方，内部の温度上昇を抑制するため通気孔を設けるなどの工夫が必要だったが，シールドビームはいわばこれ自体が一つの電球であ

写真 12-4 砲弾形前照灯の EF55 形電気機関車
この写真は現役時代の2号機だが，動態保存されている1号機の前照灯はゴールデングローライトと認定された．1936年製造．（1958年撮影，上野駅）

写真 12-5 小田急 SE 車
箱根湯本に到着した試運転列車．シールドビーム2灯が印象的だ．（1957年撮影）

写真 12-6 HID ランプの宇都宮線電車
E231系中距離タイプはHIDランプを採用している．上野駅．

り，そっくり交換するのである．内部の汚れや電球，反射鏡，レンズ等の位置狂いがなく，大きさもこれまでの灯具にくらべてコンパクトである．反射鏡の焦点位置にある主フィラメントの他，すれ違い用の副フィラメントがある．

わが国での鉄道車両用としてのシールドビームの最初は，1957（昭和32）年6月登場の小田急3000形特急電車，通称SE車である．前記の電球工業会のパンフレットでは，わが国でのシールドビーム形前照灯の登場は1961年となっているから，これが自動車用を意味するとすれば，鉄道用は自動車用よりも4年も早かったことになる．

全国で登場する新車に当然のようにシールドビーム前照灯が採用されていた頃，1963年4月号の『鉄道ピクトリアル』誌の「質問に答える」欄に，当時の国鉄車両設計事務所の担当者がシールドビーム前照灯について解説を書いている．それによるとシールドビームには24V，32V，50Vの3種類あって，いずれも150Wとのことである．

ここでちょっと鉄道車両の低圧電源について触れておかなければならない．ひところまでの鉄道車両では，補器類を作動させる低圧電源は，高圧回路で駆動する電動発電機で発生させる直流100Vのみであった．白熱電球であれば100Vはごく普通であるから何ら問題はなかったが，元来自動車用として開発されていたシールドビームとなると乗用車で12V，トラック，バスで24Vが普通だから，そのまま鉄道車両に採用するわけには行かない．上記の50Vのシールドビームというのは，2個直列にして100Vで使用するよう鉄道車両用に作られたものかもしれない．しかし近年では鉄道車両にもいろいろな電気部品，特に弱電関係の機器が増えて直流100Vオンリーでは不便になり，交流電源を備え，100V以外のさまざまな電圧の電源が利用できるようになっている．過去の一時期，特に在来車に対してシールドビームの採用が遅れたとすれば，この辺の事情が考えられる．

1966年にオランダで発明されたハロゲン電球は，従来のアルゴンや窒素などの封入ガスに，さらに微量のハロゲンガスを添加したものである．ガスは元来タングステンの蒸発を抑えるのが目的であるが，蒸発したタングステンがガラス面に付着して電球が次第に暗くなることが完全に抑えられたわけではない．ところがハロゲンガスを添加すると，蒸発したタングステンがこれと結合して電球内を対流によって循環し，フィラメントに近づくとタングステンが分離してフィラメントに堆積し，ハ

12章　前照灯，尾灯など

写真 12-7　HID ランプ
半球状の凸レンズが特徴．内部には遮光板がある．外観はきわめて小さいが強力である．(E231系)

写真 12-8　取外し式前照灯
甲府から出ていた山梨交通の電車．(現在は廃止，1962年撮影)

写真 12-9　張り上げ屋根と流線型前照灯
灯具の中身は写真12-2, 3と変わらないのだが，モダンに見える．十和田観光電鉄の電車．(1976年撮影)

ロゲン元素は再び別のタングステンと結合を繰り返す（これをハロゲンサイクルという）のでガラスの黒化がほとんど発生せず，電球の寿命が大幅に延長されたのである．灯具はそのままでこれまでの白熱電球を単にハロゲン電球に代えればよいのだから広く普及し，後にハロゲンランプを組み込んだシールドビームも登場している．

　一方ごく最近，1992年にヨーロッパで実用化されたのが HID（High Intensity Discharge，高輝度放電）ランプ，あるいはディスチャージランプと呼ばれる放電形の電球である．実際に前照灯用として使われているのはそのうちのメタルハライドランプ（Metal Halide Lamp）という種類で，発光管の中に水銀，アルゴンの他，発光物質として種々のハロゲン化金属（メタルハライド）が封入されていて，放電により金属特有の色を発する．最近の自動車には盛んに使われているが，鉄道車両でも一部採用が始まっている．光がやや青みかかっており，またレンズが極端に小さくまさに点光源なので，一目でわかる．瞬時にアークをスタートさせるため，電子機器であるスタータを必要とするのが難点といえば難点であるが，電力消費が少なく，光量と寿命は従来の電球の約2倍，点光源のため集光性能に優れる等の多くの特徴を有するので今後ますます普及するものと思われる．

取り付け位置と個数

　石油ランプ時代の名残りで，当初の前照灯は灯具全体が取外し式であった．昭和初め頃までの車両の図面を見ると，当然あるはずの前照灯や尾灯が描かれていないことが多い．行き先方向板等と同じく，灯具類は後から車両に取り付けられる付属品と見なされていたのである．

　灯具はやがて車体に固定して取り付けられるようになった．その時期は，構体が鋼材で作られるようになった頃とほぼ一致する．路面電車などを別にすれば，取り付け位置は正面屋根上というのが一般的であった．できるだけ高いところから照らすのがよいと考えられたからであろう．屋根のすぐ下，通称「おでこ」に取り付ける例もあったが，固定して取り付けられるようになると，連結面間距離が少ないと前照灯同士がぶつかるおそれがあり，屋根上に後退させたようである．余談になるが，さきの大戦中灯火管制というものがあって，敵機から光が見えないように電車の前照灯にも鎧戸状のカバーを取り付けたが，これを付けると，先

写真 12-10　おでこ埋め込み式前照灯
大型レンズ付きは,チョコレート色の旧型国電末期に登場した.房総地区のクハ79形.
(1972年撮影)

写真 12-11　地下鉄丸ノ内線300形電車
廃車後も部内で保存されていた301号車が地下鉄博物館に展示された.

写真 12-12　シールドビーム2灯化改造車
シールドビームはコンパクトなので旧型灯具に2個入れることができる.近鉄養老線の電車.大垣駅.
(1974年撮影)

頭車同士を連結した場合ぶつかるということで，屋根上の前照灯をさらに後退させた例もあった．

ところで屋根上に上がった前照灯は大変目立つので，少しでも見場をよくしようと灯具全体を砲弾形にしたり，張り上げ屋根といって幕板から屋根にかけて鉄板を連続して張り上げるスマートな車体が出現すると前照灯も屋根から隆起したような連続した鉄板で囲ったスタイルが流行した．いわゆる流線型である．

逆に戦時設計として工作を極端にまで簡易化した 63 形電車は妻部の丸みをなくしたカマボコ形屋根を採用し，それは以後の国鉄車両の基本スタイルとなったが，屋根上に前照灯を載せるとこれが屋根面から完全に突出し，通風器よりも高くなってしまい，大型化した場合車両限界を超えるおそれが出てきた．シールドビームの登場前，自動車のように縦縞のレンズカットのついた大型前照灯が採用されるようになると，切り妻車体の場合はおでこに埋め込むのが一般的となり，これが後の 101 系，103 系等に引き継がれることになる．

大型化と同じ目的で，2 灯化する場合もあった．その最初のものはおそらく 1954（昭和 29）年に華々しくデビューした営団地下鉄丸ノ内線の 300 形電車である．正面腰部に尾灯と一体にした 2 個の前照灯を付け，貫通ドア上に方向幕を付けたスタイルは今でこそ何の違和感もないが，当時は「バスのようだ」等と驚きを以て迎えられたものである．その後主として関西私鉄各社でおでこ両側 2 灯，国鉄急行形型等で腰部 2 灯，大型レンズ付き電球式を同じ灯具のまま改造してシールドビーム 2 灯化など，「より明るく」の方向で改善が進んでいる．

おでこと腰部とでは前方の視野にどの程度違いがあるのかわからないが，会社によってもどちらがよいという明確な主張はなさそうで，車両全体のデザインとして個々に判断しているように見受けられる．ただはっきり言えることは電球交換作業の安全性の問題である．雨天時の屋根上の電球交換がいかに危険きわまりないものであるかを考えれば明らかなように，近年製造される車両において屋根上前照灯はまず見られず，おでこの場合も運転室内部から電球交換ができるような構造が工夫されている．

個数については今や 2 個以上というのが常識のようで，ごく最近までおでこに 1 灯のみという電車を作っていた京急などはよほどの少数派に属する．JR の特急電車や富山地方鉄道のように中央 1 灯に両脇合わせ

写真 12-13 2灯化改造の路面電車
こちらは屋根上2灯である．南海和歌山市内線，県庁前．（現在は廃止，1971年撮影）

写真 12-14 電球交換
低い位置なのでホームから安全にできる．おまけにシールドビームだから作業も簡単だ．小田急小田原駅．

写真 12-15 電球交換
カバーを左右に開いて電球を交換している．ロンドン市内 King's Cross 駅で．

て3灯とか，JRの成田エキスプレスや京成スカイライナーのように4灯という車両さえある．ちょっと気になるのは，冒頭でご紹介した「車両中心面に対して対称に取り付ける」という規定である．国鉄末期の一部の蒸気機関車は曲線区間の視界向上のため，機関士からみて反対側，正面から見て左側に小型の補助前照灯を取り付けていた．上記のルールには当てはまらない．また現在のアルミ車体になる以前の地下鉄銀座線の車両や小田急の旧型車は，2灯化改造を行ったものの1灯は予備ということで片側しか点灯していなかった（いない）．上記の規則は確かに「取り付け」のことしか言っていないが，取り付けても点灯しない前照灯などというものを予想しなかったのではないだろうか．

写真 12-16 C57 蒸気機関車の補助灯
向かって左側だけに補助灯が取り付けられている　交通博物館．

写真 12-17 片側点灯の小田急電車
2灯あるが向かって左側だけを点灯している．

写真 12-18 左右で形の違う尾灯
左がオリジナル，右は後に増設した汎用型である．上田交通，別所温泉駅構内の廃車．

写真 12-19 後部標識灯と標識板
昼間は消灯し，標識板で後部であることを示す．JR大井工場の保存車両．
（マイテ39 11）

写真 12-20 折り畳まれた標識板
前部となるときは標識板を折り畳み，赤い色を隠す．南部縦貫鉄道（廃止）のレールバス．
（1976年撮影）

尾　　灯

　「赤いランプの終列車」（大倉芳郎作詞）という歌がある．タイトルだけで考えると，この赤いランプには2とおりの解釈ができる．1つは，終列車，つまり夜汽車の赤いテールランプである．もう一つは，路面電車やバスの「最終便」が方向幕に点灯している赤いランプなのであるが，歌詞に「別れ切ないプラットホーム」とあることからすれば，この終列車はやはり蒸気機関車の牽く夜汽車であって，チンチン電車ではない．闇の中を遠ざかって行く赤い光．やがて見えなくなる．なかなかロマンティックな光景である．しかし野暮な理屈を言えば，終列車でなくても夜汽車は赤いテールランプをつけるものと決まっているのだ．

　例によって「普通鉄道構造規則」を見ると，第206条「後部標識灯」に，

　一　灯光の色は，赤色であること
　二　主たる電源の絶たれた状態においても点灯するものであること

等が規定され，また「鉄道運転規則」第233条では，

　後部標識……赤色灯または赤色反射板（後続列車の前部標識灯に
　　より表示を認識することができるもの）1個以上

となっている．

　終戦前までは尾灯は1個が普通だったが，昭和22年の改正で，向かって右側のものが追加されて2個になった．だから左右で形の違う灯具を付けた車両もよく見かけたものである．前照灯と違って，尾灯を3個以上という車両は見たことがない．

　国鉄，私鉄を問わず，電車については古くから夜間のみ点灯，昼間は消灯ということで済んでいたが，気動車や客車，貨車については昼間も灯具を囲む赤色円板が後部標識として使用され，前方となるときはこれを折り畳んで車体と同色の裏面を見せることが行われていた．

　貨物列車の場合，かつては最後部に車掌が乗務していたので，必ず「フ」とか「ヨ」という車掌室のある車両を連結しており，これらの車両には尾灯が備えられていたが，車掌が廃止された結果，尾灯が備えられていない一般の貨車が編成の最後部となるのが普通となり，赤色板を掲げるようになった．上記の規則にもあるように，夜間でもランプでなく反射

12章 前照灯,尾灯など

写真 12-21 反射形標識板のみの貨物列車
空荷のコンテナ貨物列車.はるか前方の機関車の姿は見えない.

写真 12-22 昔の電車の尾灯
差し込み式の取り付け部,手提げの柄等に石油ランプ時代の面影を残している.東急の保存電車モハ510号.電車とバスの博物館.

写真 12-23 LED式の尾灯
内側の前照灯とユニットになって取り付けられている.小田急1000系電車.

板でよいことになったから，夜間に踏切で通過する貨物列車を見送っても「赤いランプが遠ざかって行かない」ので何か物足りないばかりでなく，危険な感じもする．

現に1997年8月12日の深夜，東海道線沼津～片浜間に停車中のコンテナ貨物列車に下り普通電車が追突するという事故が発生している．仮にこの最後部車両が空荷だったとすると，反射板が光るまでは暗闇の中に明かりもないフラットな貨車がじっと停まっていたわけで，そこに列車がいるという存在感が乏しかったのではないか．勿論信号機は赤を現示していた筈だしATSもあったのだから何らかのミスは否定できないが，昔の貨物列車だったらこの事故はなかったような気がしてならない．

尾灯の光源

尾灯の場合も光源は元来電球であり，シールドビームも使われているが，前照灯と違って列車側から遠方を照らす必要はなく，線路側から明瞭に認識できればよいのだから，前照灯には使われないLED（Light Emitting Diode）が使用できる．LEDは発光ダイオードともいい，所定の電圧をかけると光を発する半導体である．ガリウム砒素などの半導体結晶の成分によって発する色が決まっている．一般の着色灯が白色光源に着色ガラスを組み合わせたもので，広がりのあるスペクトルから特定の波長以外の成分を着色ガラスで吸収して発色させているのに対して，LEDの光は初めからその波長成分しか持っていないのである．赤色と黄緑色のLEDが早くから開発され，またこの2色を同時に発光させると橙色となるので，これら3色を用いて各種のディスプレイが実用化された．また当初の小粒のほの暗いLEDに対して10倍程明るい「高輝度LED」も登場し，明るい屋外でも点灯が認識可能となった．

人類への有用性からすればノーベル賞ものといわれる近年の青色LEDの発明によっていわゆる光の三原色（赤，緑，青）が揃い，ディスプレイのフルカラー化が達成されると同時に道路や鉄道の信号機にもLED化が進んでいる．ただし尾灯に関する限り青色LEDの登場を待つ必要はなかったから，赤色高輝度LEDを縦横にびっしり並べたものが1980年代前半頃から採用され始め，着実に普及している．

電球に比べて寿命は半永久的，消費電力は少なく発熱も少ないなど，

写真 12-24 LED 式の尾灯（左）
隣の前照灯と同じような形だが縁金具は鋳物とプレス品で全く違う．京成 3200 形電車．

写真 12-25 トレインマーク兼用の LED 式尾灯
カラーディスプレイだが後部になるときは下部の両脇が赤色表示となって尾灯の役をする．JR 常磐線「スーパーひたち」号．

写真 12-26 赤白転換式標識灯
脇のレバーを操作すると中の色ガラスが動いて色が変わる．名鉄谷汲線（廃止）750 形電車．

よいことづくめのように思われるLEDだが，反対意見もないわけではない．例えば京浜急行電鉄では尾灯に関する限り白熱電球に戻す方針を明らかにしている．LEDの経年変化による輝度の低下やイニシアルコスト高を問題視してのことらしい．他社が追随するかどうか注目される．

尾灯の取り付け位置

　位置は一般に腰部であるが，腰部だと例えば線路上に群衆がいたりすると遮られてしまうおそれがあるので，おでこに取り付けている場合もある．また主として大都市私鉄等で先頭車前面に急行などの列車種別を表す白色灯を点灯する場合があるが，この急行灯と尾灯とを上下に分けて配置している場合と，急行灯と尾灯とを白赤切り替えで同じ灯具で兼用している場合とが見られる．白赤の切り替えは，偏光板を回転させる方式は暗くて不評であり，電球の前に赤色ガラスを出入りさせる単純なものがむしろ成績がよいようである．

その他の表示灯

　ことのついでに，前照灯，尾灯以外の車体の外側に取り付けられる表示灯をご紹介しておこう．
　これらはいずれも車体の側面に配置され，編成の中のその車両の状態を表示する．これを認識するのは通常，編成の前後端にいる乗務員やホームの係員であるから，ランプが車体表面からできるだけ突出していた方が見やすいのだが，そもそも車体の外板位置を車両限界一杯にして大きな車両を作りたいわけだから，設計上ランプが飛び出す余地はほとんどない．また車両基地における自動洗浄の際にも車体表面の凹凸が少ないことが好ましいので，表示灯は車体側面に埋め込まれ，ちょっと頭を出したような格好のものとなっている．その点でもランプよりもLEDのほうがコンパクトで好ましいようである．
　表示の内容によって色が決まっている．代表的なものがドアの開閉（点灯で「開」，消灯で「閉」）を示す「車側知らせ灯」で，赤色灯である．例によって旧・普通鉄道構造規則を開いてみると，第192条「旅客用乗降口」の第4項に，

写真 12-27　車側知らせ灯
その車両のドアが1ヵ所でも開くと点灯する（現在点灯中）．編成の全車両でこれが消灯すると逆に運転台に「扉閉」のランプが点灯する．JR京浜東北線209系電車．

写真 12-28　相鉄独特の車側知らせ灯
空気ブレーキの作動中，緑色灯が点灯している．両側なのでホームのない側でも点灯し，夜間は特に印象的だ．

旅客用乗降口を設けた旅客車には，旅客用乗降口の扉が開いているときに自動的に点灯する灯火を設けなければならない．

とあり，続いて第5項に，この灯火は

- 一　車両の両側面の上部に設けること
- 二　灯火の色は，赤色であること
- 三　他の灯火と容易に識別できるものであること

などが規定されている．

　戸開き表示以外で一般的なのは，11章の「その他の通信装置」でふれた乗客からの非常通報の表示灯である．通常橙色が使用される．それ以外は鉄道会社や車種によって事情が異なる．1両について最も数が多いのは，JR常磐線415系等の直流・交流両区間を通して走る電車のうちパンタグラフのある車両で，片側5個の表示灯がある．うち2個はドアと非常通報だが，あとは冷房故障（緑色），主回路ダウン（橙色）など，交直流電車独特のものらしいが，関係者だけが知っていればよいものなので何の説明もなく，また滅多に点灯することもないので詳細はわからない．

　変わったところでは相模鉄道の電車に，空気ブレーキの作動を示す緑色灯がある．駅進入時に各車両に一斉にこれが点灯し，停車後相次いで消えるさまは相鉄独特の光景であるが，新しい車両では見られなくなっている．相鉄に限らず各社とも運転上必要な各車両のさまざまの状態はTIMS等の列車総合管理システムによって運転台において詳細に把握できる状況になっており，ランプによる表示の必要性は低下している．戸開きと非常通報以外の表示灯は，今後ほとんど見られなくなるだろう．

国鉄気質

　明治時代の鉄道院，鉄道省，第二次大戦後の日本国有鉄道と名称や組織は変わっても，本質はお役所であるから，よくも悪くもその体質は保守的であった．技術の面においても自動連結器の全国一斉取替えなどの快挙もあったし（姉妹編『パーツ別電車観察学』参照），狭軌では世界一のスピード記録も達成しているけれども，一口に言えば堅実で，石橋を叩いても渡らないようなところもあったのは否めない．意欲的なグループもいて戦後いち早く「高速台車研究会」を立ち上げ，大きな流れで見ればそれは東海道新幹線の成功へとつながる第一歩だったのではあるが，カルダン台車に代表される高性能電車や，本書でもふれたチョッパやインバータといった電子制御などの新技術の実用化において国鉄は私鉄に大きく遅れをとる結果となった．たとえば国鉄の電車がカルダン台車を採用したのは 1957（昭和 32）年のモハ 90 形（後の 101 系）であるが，私鉄ではそんなものはもう常識で，大手だけでなく中小私鉄でもとっくに採用していた．ところが国鉄が採用するとなると大々的に新聞発表し，写真入りで報道されるから，よく知らない人は感心する．鉄道研究者にも「国鉄史観派」というような人がいて，技術史などを書くと高性能電車のところでモハ 90 を挙げたりする．

　たしかに組織が大きいから，採用に慎重にならざるを得ないのはよくわかるが，ときに臆病すぎる面もある．そして一旦正式採用となるとこれが全国規模で長年続くから，本書でもやり玉に挙げた 103 系のようなことが起きる．軍隊のことはよくわからないが，帝国陸軍はさきの第二次大戦でも明治時代に制式化した「三八式歩兵銃」を使っていたというではないか．

　一方の私鉄はこれと対照的である．新車を作ってもたかだか 10 両か 20 両の話だから，失敗だったら次から変えればよい．ある年に前照灯を腰に下げたかと思うと翌年には上に上げ，斬新な新技術をふんだんに盛り込んだ新車を登場させたかと思うと，いつの間にか旧来形の車両を増備してけろっとしている．

　国鉄ではこういうことは許されないのだろう．そうなった原因のひとつは，民営化で全国 7 社の JR に分割されるまで，長らく中央集権の体制で，新車の設計などは本社マターであったことも考えられる．

13章 その他の電気機器

　鉄道車両，特に電車には，数えきれない電気機器がある．わが国の電車の祖先といってもよい明治村の京都市電などを見ると，運転台にも床下にもほとんど電気機器らしいものが何もないのに驚くが，現在の車両は床下，運転室内はいうに及ばず，屋根上や，ちょっと目には何もなさそうな車両端部の壁の裏側まで，さまざまな電気機器が所狭しと配置されている．しかしこれは鉄道車両に限った話ではない．学生の頃，電気工学の講義で先生が開口一番，「君達のお家にはモータがいくつありますか？」などと質問しておられたものだが，確かに当時の家庭にモータなどそれこそ「数える程」しかなかったけれども，現在はモータどころかコンピュータでさえ，エアコンから洗濯機まで，あらゆるところに無数に潜んでいる．

製造現場を訪ねる

電気機器

森尾電機㈱

さてこの章では，パンタグラフや電車の走行そのものにかかわる主制御器，主電動機などを別として，それ以外の各種電気機器を何でも引き受けるという鉄道車両用電気機器メーカーのひとつ，森尾電機㈱をお訪ねする．

1911（明治44）年創業というこの会社は東京都葛飾区立石，葛飾区役所の真向かいに本社がある．工場も以前はここにあったが，1961（昭和36）年に茨城県竜ヶ崎市の小高い丘の上に移転した．1999年には例のISO 9001の認証も取得している．最近本社の方から設計などの技術部門が竜ヶ崎に移転してきて，それまでの竜ヶ崎工場を竜ヶ崎事業所と改称している．

写真 13-1

写真 13-2

一部で道路工事用機器，船舶用機器，半導体用機器，環境機器などの設計，製造も行っているものの，事業所全体の売り上げの70％は鉄道車両用電気機器であり，具体的には，

　　a) 制御機器　　主幹制御器，配電盤など
　　b) 照明器具　　前照灯，尾灯，室内灯など
　　c) 配線器具　　ツナギ箱，車掌スイッチなど
　　d) 保安機器　　ATC, ATS, モニタ表示システムなど
　　e) 信号機器　　車側知らせ灯，警報器など
　　f) 暖房器具　　電気暖房器，温風暖房器など
　　g) 情報表示装置　LED式行き先表示装置，運行番号表示器など

等々である．

　しかしこれらのすべてを常時製造しているわけではないから，お訪ねした2003年5月時点で製造していたものについて，以下ランダムにご紹介することにする．なお，工場を拝見して感心したのは，電気機器メーカーとはいいながら，実体は板金加工の箱や蓋，鋳造品の弁類やスイッチなど，上流工程には機械加工もかなりあるので，レーザ切断機，シャリング，プレス，溶接機，マシニングセンタをはじめとして機械メーカー顔負けの各種工作機械が揃っていることである．

写真 13-3　新鋭のレーザ加工機
板厚9mmまでの加工ができる．部材により，ターレットパンチプレスを併用している．

ごく簡単に言えば，ここでの工程は箱などの板金ものの製作，接点などの部品の取り付けと組み立て，配線の取り付けといったところであるが，電気機器の特徴として，表面にはランプ，スイッチなどがすっきりと配置されているだけなのだけれども，裏面には大量の電線が複雑に接続されるため，コードの被覆の色分けや端部のタグなどで一応識別可能

写真13-4　コードの出入り口金物の仮付け
仮付けしておいてまとめて本溶接する．

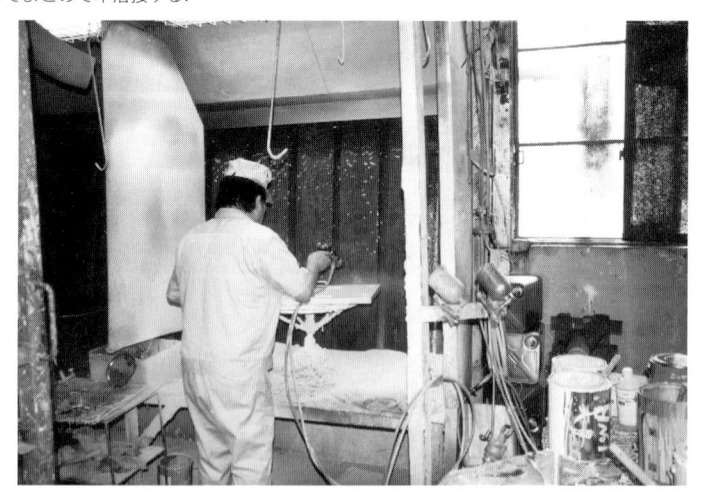

写真13-5　塗装作業
錆止めおよび仕上げの吹付け塗装．今やっているのは箱の蓋である．

にはなっているが，結線ミスを防止して能率よく作業するため，自動車工場と同様なボードを使った「ハーネス組み立て法」が採用されている．なお，車体への取り付けは極力ユニット化して，配線の着脱もコネクタによりワンタッチで行えるようになっている．

写真 13-6　機器の裏側
表側からは想像できない光景である．

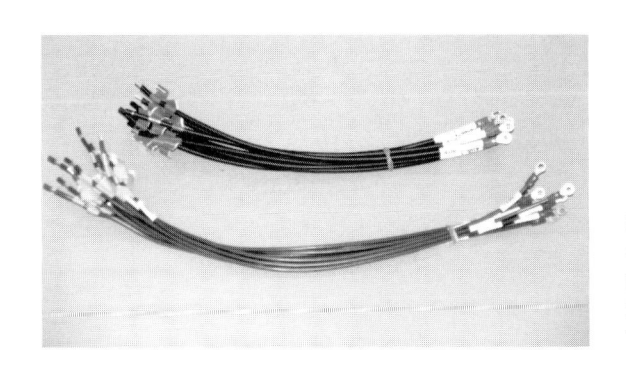

写真 13-7　接続されるコード
両端に識別のタグやシールが貼り付けられている．

写真13-8 ハーネス組み立て用のボード
機種によってボードを交換する.

主幹制御器

　電車のモータを実際に制御しているのは「主制御器」といい，床下にある大きな装置であるが，運転台にあって運転士が操作し，この「主制御器」を制御しているのが「主幹制御器」と呼ばれるものである．Main controller に対して master controller，通常略してマスコンという．力行を制御するマスコンと，ブレーキを操作するブレーキ弁（運転士弁ともいう）は元来別個のものであったが，空気ブレーキが電気指令式になってきたこともあって近年では両者を一体にしたワンハンドル形マスコンが主流になりつつある．レバー形で，奥へ倒すとブレーキ，手前に引くと力行となる．レバーは手を離すと戻しばねによりニュートラル（惰行）に戻るようになっているから所要トルク値が図面で指示されており，組み立てに際しての重要なチェック項目である．なお，主幹制御器，主制御器については15章でやや詳しく取り上げる．

写真 13-9 レバー式のマスコン
手前に引くと力行となる．ブレーキ弁は従来通り右側に別にあり，ワンハンドルにはなっていない．IR205系．

【実 車】

【製造中】

写真 13-10 マスコンの組み立て作業
レバーから手を離すとばね力でオフ位置に戻るのだが，その軽さが重要なチェック項目である．

車掌スイッチ

　乗務員室にあって車掌が扱うドアスイッチを，通常この名称で呼ぶ．ドアエンジンの制御回路を閉じる（電流を流す）とドアが開き，回路を開くとドアが閉じる．その入り切りをする電気スイッチであるが，縦向きに取り付けられた棒状のものを押し上げるとドアが開き，押し下げると閉じるというタイプのものが多い．このほかに最近では完全に閉まらないドアだけを再開閉する「再開閉スイッチ」や，特急待ちなどで長時間停車するとき車内温度を保持するための「選択開閉スイッチ」，速度計と連動して，一定速度以上のときは誤操作してもドアが開かないよう

【実車】

写真 13-11　ユニット形車掌スイッチ
JR の 231 系のもの．開閉スイッチ脇の鍵穴にキーが差し込まれている．

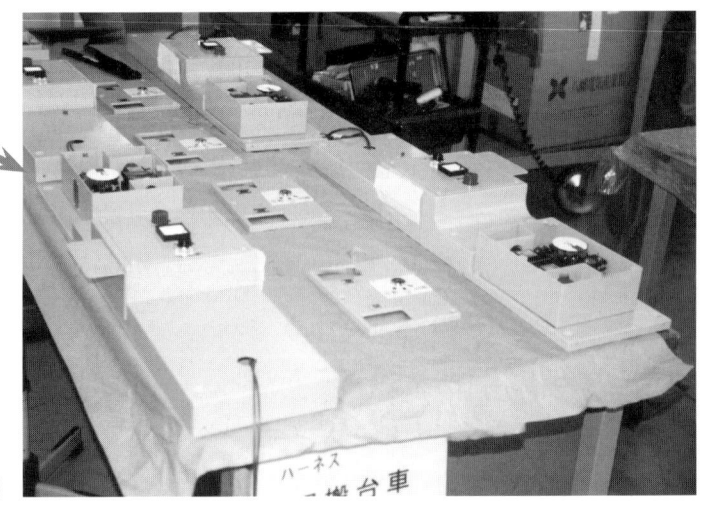

【製造中】

写真 13-12　組み立て中の車掌スイッチ
左と右では逆向きに置かれている．中央は蓋で，ここに鍵穴がある．

にする戸閉め保安装置の「走行」表示ランプ，運転士との連絡ブザ，非常ブレーキスイッチ等，車掌の扱うものをすべて組み込んだユニット形式のものも見られる．さらに誤操作や乗客等のいたずら防止のため「かぎ」を備える場合が多い．

このほか一部の私鉄等で，ホームの短い駅で特定の車両のドア開閉を行わないためのスイッチを備える場合もある．

13章　その他の電気機器

写真 13-13　つまみ軸孔の加工
非常ブレーキスイッチのつまみの軸にはめるねじ孔を加工している．

ドアスイッチ

　同じドアスイッチだが，乗客が扱うものもある．寒冷地では，必要のないドアを開けないですませるため，車掌の扱うドアスイッチでは「開くことができる状態にする」のみで，実際には乗降しようとする乗客が手で開けるようにした「半自動ドア」が一般的だが，最近のものは手で開く代わりにドア脇のボタンを押せばよいようになっている．実車のもので，写真　は工場における同じドアスイッチで，完成品が並んで出荷を待っている．

【実車】

写真 13-14　半自動ドア用ドアスイッチ
これは室内側でボタンが2つあるが,外側のものは「開」ボタンしかない．大阪のJR学研都市線電車．(207系) ボタンの下に説明板が貼り付けられている．上の小窓は表示ランプで，車掌スイッチにより開閉可能になると点灯する．

【製造中】

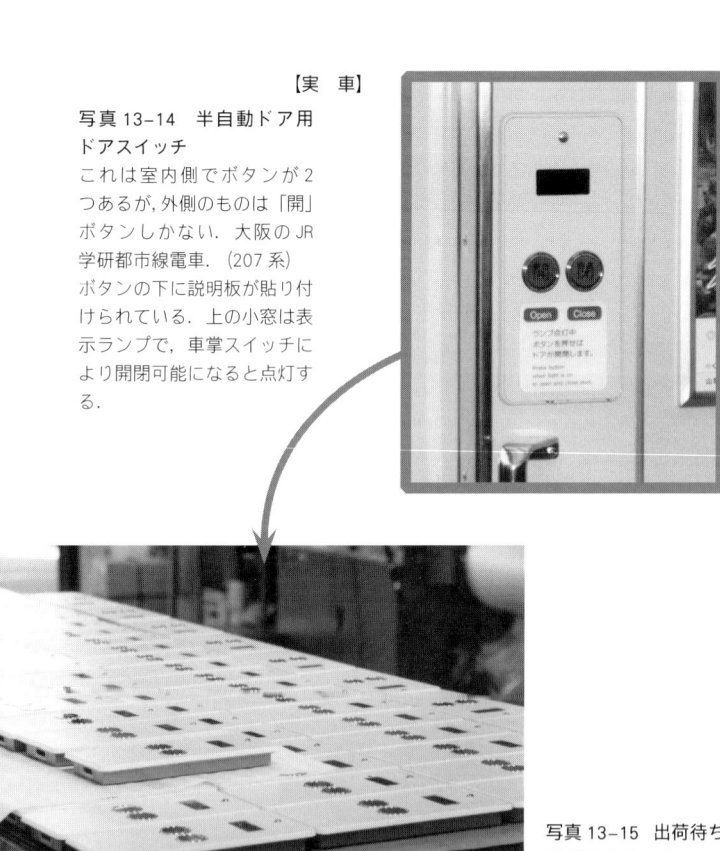

写真 13-15　出荷待ちのドアスイッチ
まだ説明板が貼られていないが，写真13-12と同じもののようだ．

ATS, ATC 装置

ATS は Automatic Train Stop Device の略で，居眠りや信号の見落としなど，運転士が適切な操作を行わないときに警報を発し，場合によって非常ブレーキを作動させる装置である．信号の現示とは無関係に単に運転士の居眠りや失神に対して列車を防護するものとして，簡単なものでは力行中にマスコンのハンドルから手を離すと直ちに非常ブレーキが作動する「デッドマン装置」が古くから使用されており，また通常の運転操作で比較的頻繁に手足を触れる筈のマスコン，ブレーキ弁，警笛，砂撒き装置（主として機関車）のいずれにも一定時間，例えば60秒間アクセスしないと非常ブレーキがかかる「EB装置」と呼ばれるものもATSが開発されるまで使用されていた．本格的なATSの整備は1956年10月の参宮線事故，1962年5月の三河島事故（135頁参照）等を教訓として重点的に進められた結果，国鉄（JR）や大手私鉄を始めローカル路線にまで急速に普及してその後の重大事故の減少に大きく寄与しているが，機器の開発と取り付け整備とが同時進行だったこともあって，極端に言えば会社毎に異なった方式を採用する結果となり，性能面でも優劣があるばかりでなく，相互乗り入れなどにおいて支障をきたすと言う問題もないわけではない．線路に沿って設置される地上部分と，車両に搭載する車上部分とで構成される．図 13-1 は車上部分の構成の一例である．速度検出部と受電器は台車に設けられる．警報ランプやベル，

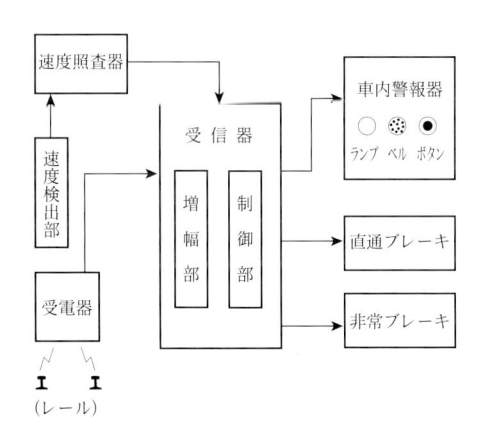

図 13-1 自動列車停止装置（ATS）の構成例
信号の現示する許容速度と現在の走行速度を比較し，必要に応じて常用，あるいは非常ブレーキを作動させる．

確認ボタンなどが運転席の前部にあるのに対して，メインとなる受信器部分は通常運転台の壁の上などに置かれている．

ATSがあくまで運転士のバックアップで，運転操作をするのは人間である運転士であり，警報とブレーキの範囲に留まっているのに対して，ATC，ATOとなると運転士に取って代わって機械が主体であり，速度制御までやってしまうので，運転士は発車の際ボタンを押すだけである．わが国でも「ゆりかもめ」などの新交通システムと呼ばれるいくつかの路線，ディズニーランドの舞浜リゾートラインのモノレール，台湾・台北市の新交通方式の地下鉄木柵線，パリのメトロ14号線など，ボタン押し役までなくした完全無人運転の路線が世界各地に出現している．

線路脇の電柱等には，力行，惰行（ノッチオフ），ブレーキ操作等の目安となる標識が掲げられているが，同じ路線であっても乗客の乗り具合や天候，特にレールが濡れているかどうか等で加速，減速の性能は大きく変化する．これらをすべて頭に入れながら定められた運転時分で，所定の停車位置にピタリと停車させるのがベテラン運転士なのだが，現代のコンピュータはやすやすとベテラン運転士並の操作をやってのけるのである．2003年2月26日，山陽新幹線の下り「ひかり」が，運転士が居眠りをしたまま約8分間走行し，岡山駅へ無事到着するという椿事があったが，居眠り運転士を責めるより，居眠りをしていても済んでしまう職務に同情を禁じ得ないではないか．

13章 その他の電気機器

写真 13-16 出荷待ちの ATC 配電盤
ATCがさらに進歩すると，「ゆりかもめ」のような無人運転(ATO)になる．

床下機器

　床下にはさまざまな機器がぶら下がっているが，たとえばエアコンプレッサなどは単体の機械であり，空気タンクもこれに付随する機械品である．電動発電機（Motor Generator：MG と略す）や静止インバータ，前記の主制御器などは単体の電気品といえる．これらのいわば大物を除くと，あとはブレーキ関係や運転管理情報などの各種リレーや電動弁，

写真 13-17　床下の配電箱
前後の台車にはさまれた床下スペースには，大型の配電箱を始めとする各種機器が所狭しとばかり詰め込まれている．JR211 系の電動車の床下．

【実車】

写真 13-18　組み立て中の配電箱
箱ものとしてはかなり大きい部類に属する．

【製造中】

写真 13-19　発送待ちの配電箱
あおり板の向こうに大きい箱が積まれている．車両工場に向けて出発だ．

スイッチなどを目的別にまとめて箱に収めた配電箱が目に付く．こうした配電箱は，内部に格納されるものは個々にはあまり大きくはないが，入出力の電線がやたらと多く裏面はかなり錯綜している．また部品点数の増加により，箱の大きさは長さ3mを超えるものも出現しているので，完成品の搬出，出荷はかなり大掛かりな作業となる．組み立て作業は2階で行われており，搬出用の大型エレベータを平常は人間も利用している．

LED表示器

車両にはいろいろな表示器がある．先頭車前面に掲げられている行き先方向板と呼ばれるもの，特急，急行などの列車種別を表すもの．これらの情報は車両の側面にも掲げられる．側面のもの（side-board）が語源と思われるが，現場では正面のものを含めて「サボ」ともいう．本来はペンキで文字やマークを書いた鉄板をフックで引っかけたり，ポケットに差し込むものだったが，編成が長くなると掛け外しに結構手間がかかり，かつ危険な場合も多いので，スイッチにより一斉に表示を変化させることのできる電動幕が開発され，最近ではこれがさらに動く部分がなくメンテナンスフリーの利点が買われてLED表示器に変わりつつある．

縦横にびっしり並べたLEDを発光させて文字などを表示するLED表示器には，札や幕に代わる車両の外側に向けたものの他に，ドア上などの車内向けのものもある．最大の弱点は，いかに高輝度LEDを使用しても直射日光下では見えにくいということであり，このため車外向けのものは例えば1段毎にルーバ状の短いひさしを設けたり，LEDをやや下向きにするというような工夫をしている．細かい文字が鮮明に出せないとか，中間色が出せない等の弱点は粒の小径化や青色LEDの発明等によって徐々に改善されている．一方，LEDの強みは，製造コストやメンテナンスの問題だけではない．動きのある表示，時間差を設けた表示の切り換えや，電光ニュースのようなスクロールが可能になったのである．例えばJRの中央（緩行）・総武線では，「中央・総武線」という表示と，「千葉 / For Chiba」という表示を交互に出しているし，行先のわかりにくい都営地下鉄大江戸線では終着駅である「都庁前行」と「飯田橋経由」を交互に出して誤乗を防止している．駅間の高速走行中は側面の表示を消している例も見られる．これまでの札や幕では全くできな

写真 13-20 完成品の車側知らせ灯
写真 12-28 と同じ角形のもので，中は赤色 LED である．

写真 13-21 前面の行き先表示
16 × 16 の LED ユニットが左側に 2 枚，右側に 5 枚使われている．明るい地上区間では中間の車両番号の部分に比べて鮮明さがかなり劣るのがわかる．(東京メトロ日比谷線)

写真 13-22 側面の案内表示
路線名と行先を交互に表示している．JR 総武線各駅停車の千葉行．

かった芸当である．JR E231系等の新しい電車では，液晶画面を使用してニュース，CMを含めた多様な情報を車内に提供しているが，こうした表示は今後ますます発展を見せることだろう．

写真 13-23 車内の案内表示
ソウル地下鉄4号線のもの．上段は次駅名（三角地），下段は開くドアの側を矢印で示している．

写真 13-24 出荷待ちの LED 表示器
外面用で，細かい粒の1段毎に短いひさしが設けられている．

14章 その他の板金もの

板金ものとは

　新潮国語辞典で「ばんきん」をひくと,【板金,鈑金】の字が示され,②に「金属板を加工すること.―――工」という説明がある.著者がかつて勤務していた製鉄会社の保全部門では,さまざまな職種のなかに,「製缶」と「板金」とがあった.前者の「缶」とはボイラのことであり,厚い鋼板を切断し,溶接してボイラの胴やタンクとか炉体などを作る仕事をいう.一方,板金は薄い鋼板やブリキ板,真鍮板などを金切り挟みで切り取ったりシヤーで切断したりして,継ぎ目はろう付けなどで接合し,箱物などを作る仕事である.素材の板が厚いか薄いかで,曲げ方,切り方,接合法などが異なってくるので職種が分かれるのである.

14章 その他の板金もの

写真 14-1 床下に吊り下げられた大小の箱
左から 2 番目のやや大きめの箱には「作用装置」という，わかったようでわからない名称がつけられている．新京成 8800 形電車．

写真 14-2 床下の箱の中身
「作用装置」の箱の蓋を開くと，中はエアブレーキ関係の弁類が整然と配置されている．結露や氷結に備えて，箱内を暖めるヒータも見える．

写真 14-3 腰掛け下部の蹴込み板
パンチ孔は全面ではなく，必要な部分だけに開けられているので，パンチングメタルではなく，独自に打ち抜いたものであることがわかる．

写真 14-4 昔の電車の腰掛け下部
座布団を起こしてみると，ヒータはまばらにしか設けられていない．この蹴込み板はパンチングメタルである．東武博物館の日光軌道線電車．

鉄道車両の板金もの

　鉄道車両において，製缶ものの最大は構体であるが，その他に台車枠，空気溜めなどいろいろあっても種類はそれほど多くないのに対して，板金ものは室内のちょっとした金物や各種スイッチなどの電気機器を収めた箱など，それこそ数えきれないほど使われており，パーツをケーシングのレベルまでブレークダウンすればいたるところに板金ものを見出すことができる．

　板金ものの箱類が集中して配置されているのは，何といっても床下や，運転台の中などで，あまり乗客の眼にふれない場所である．床下機器は，コンプレッサやインバータ，制御器，バッテリーなどの大物を除くと，こまごました機器は個々に取り付ける煩雑さを避け，特に結露や氷結を嫌うブレーキ関係の弁類などはヒータつきの大きな箱にまとめて収納されている場合が多い．

　組み立て状態でサイズの最大の板金ものは何かと考えてみたら，どうやらそれは座席のようである．通勤電車などに一般的な長手方向の座席は，軽量形鋼等で骨を組み，上に布団を載せた構造をしていて，長さはドアとドアの間，4mを越えるものもある．そして骨組みの中には暖房用のヒータやドアエンジンなどの機器が収納され，蹴込み板と呼ばれる孔あきの板で手前がふさがれている．蹴込み板は中身をかくして見た目を良くするとともにヒータの温風を通過させ，かつ外側から直接ヒータに触れて火傷することのないように保護している板である．以前は金網や，パンチングメタルという孔あき鋼板が使用されたが，金網やパンチングメタルは全面にわたりまんべんなく網目や孔があるのに対して，近年のものはよく見るとわざわざ必要な部分だけに孔を開けたものである．いずれにしても板金ものの一種であることには変わりがない．

　なお，ごく最近の電車では座席は床ではなく後ろの壁から支持され，ヒータは座席の裏側に取り付けられており，蹴込み板はない．

製造現場を訪ねる

町の板金工場
伸栄精機

今回はやや視点を変え，いわゆる町工場，あるいは家内工業といった規模で鉄道車両関係のさまざまな板金ものを製作しているという川崎市中原区の伸栄精機をお訪ねすることとした．等々力緑地に近いこの一帯には大小合わせて200近くの工場があるという．

バス通りに面したガラス戸を開くと，中はところ狭しと工作機械が並んだ工場である．早速代表者の小川國男氏からお話を伺う．代表といっても，ここはこの小川氏と，アシスタントの奥様とのお二人ですべてをこなしておられるようである．

写真14-5

写真14-6

最初に見せていただいたのは,「**ロッキングプレート**」と呼ばれるほぼ三角形の板である.図面はあるが,どのような機器の部品であるかはわからない.外形は三角形の各頂点を面取りした六角形で,中央に大きな孔,その周囲の三角形の頂点の位置にやや小さい孔があいている.大板からこれを作る工程を実演していただいたが,使用するのは最新鋭のNCターレットマシンである.板厚3.2mmまでの孔抜きができる.

注文の図面が入ると,まずこれを無駄なく切り出すための材料取りを考え,加工順序を決めてNCテープを作る.これさえ出来れば素材の板を最初にテーブルにセットするだけで,あとはすべて機械が自動でやってくれる.ターレットなのでマシンヘッドには大小さまざまな寸法,形状のポンチが取り付けてあり,ヘッドを回転させながら所定のポンチを選択して孔抜きをする.一方,素材の載ったテーブルの方も加工位置に合わせてXY方向に移動する.このマシンが行うのはシヤリング(剪断)ではなくポンチング(孔抜き)なので,直線状に材料を切断する場合でも長孔を連続させて抜いて行くのである.材料の幅方向に1列十数個の製品を連続して加工するとして,それぞれの同じ部分を1列続けて行い,全工程が終わったら次の列に移る.製品の形状にもよるが,この品物の場合,1列のうち1枚ごとに逆向きにし,材料の無駄が少ないように計画されている.

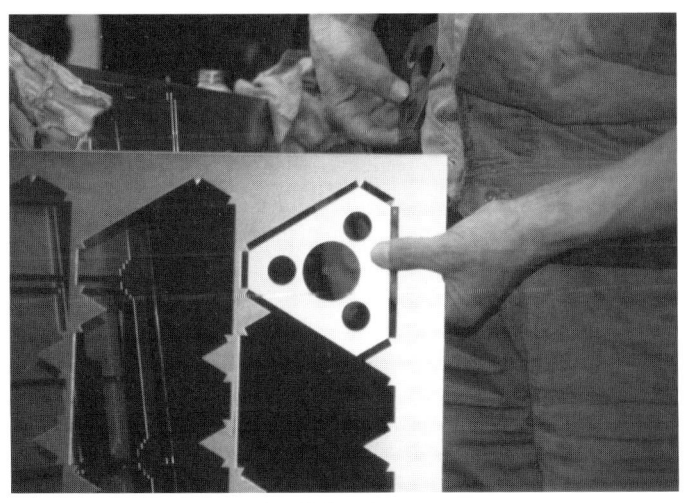

写真 14-1 打ち抜かれたロッキングプレート
製品の1枚を,抜いた板にあてがってみたところ.

写真14-8　加工するNCターレットマシン
マシンヘッドが回転してポンチを選定し,手前のテーブルは加工位置に合わせて2次元(前後左右)に動く.

写真14-9　回転式ターレットヘッド
数えきれないポンチ(上)とダイス(下)のセットが組み込まれている.

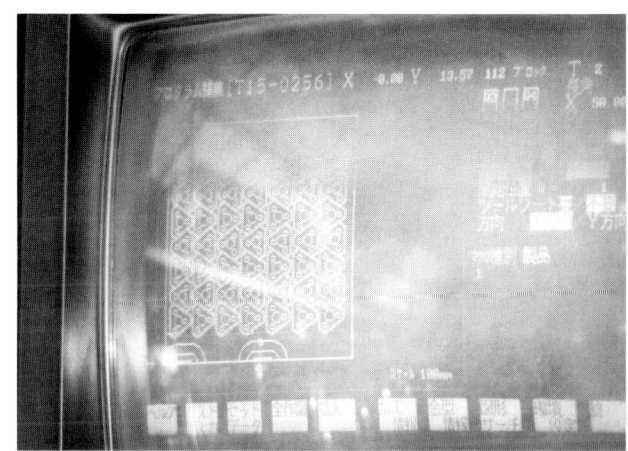

写真 14-10 NC マシンのモニタ画面
加工条件や加工中の製品の図面などがカラーで表示されている．

写真 14-11 加工中のマシンとワーク
1 列目の加工も最終段階である．写真 14-7 と見比べてほしい．

次はパンタグラフのシュー部分の部品．シュー両端の湾曲した部分にかぶせるカバーで，架線を損傷しないようにアルミニウム板である．打ち抜いた後曲げるのに手回しのベンディングを使ったと笑っておられた．アルミ板には疵防止のため青いビニールフィルムが接着してあるが，支障ない限りフィルムははがさずにおくとのことである．

一般に板を曲げるには，3本構成のベンディングロールを通す方法と，位置をずらしながらプレスで曲げて行く方法とがある．原則的に前者が薄物，後者が厚物であるが，曲げ加工で見れば前者が連続曲げであるのに対し，後者は非連続曲げである．多少能率が低いことに目をつぶれば，ゲージを当てて曲率を確かめながら繰り返しベンディングロールをかけ

写真 14-12　パンタグラフのシュー部品
両端のホーン部分にかぶせるプレートで，アルミニウム板である．

写真 14-13　手回しのベンディングロール
こういう機械が現役で使われているのは嬉しい．

るのも悪い方法ではないだろう．

　パンタグラフのシャント（関節部分の電流分路用導線）の口金．これは銅製の短い筒状で，縒り線の両端にかぶせる．最後の圧着は60トン近くの力を必要とするので，ここでやったのはかぶせるところまでとのことである．

　ロマンスカーのシートのひじ掛け．これはこれまでの樹脂製をステンレス製に変えたという新車用のもので，身と蓋がセットになり，蓋の方にクッションゴムをはさみ布をかぶせるとおなじみのひじ掛けになる．これを縦向きに起こすと下からテーブルを引き出すことができる．

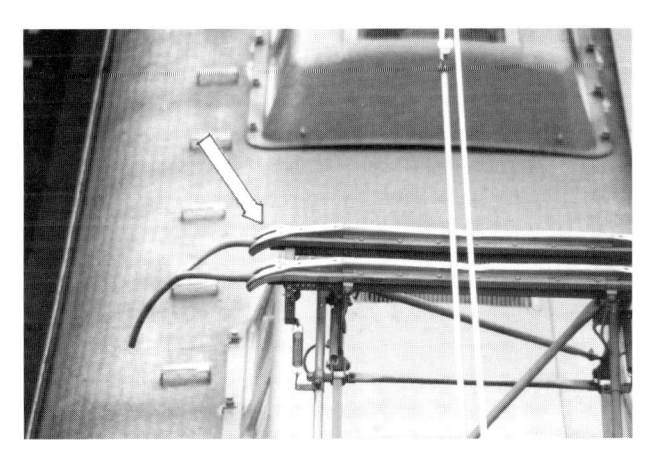

写真14-14　パンタグラフのシューカバー（矢印）
実際のパンタグラフを見ると，確かにこのようなプレートが使われている．すり板の両脇の部分で，分岐などで交差する架線に接触する際のガイドの役割をする．

写真14-15　ロマンスシートのひじ掛け
樹脂では割れやすい，鋳物では重い，ということで今回板金ものが試みられたようだ．

戸閉めスイッチの箱．鉄道車両では何によらず，小さな電気部品を壁に直接取り付けるということはなく，防塵やアース，短絡防止などさまざまな理由からこのような金属製の箱に収め，この箱を壁に取り付けるのである．打ち抜き，折り曲げ，スポット溶接，塗装して出来上がる．

写真 14-16　スイッチ箱
手前は第1工程の打ち抜き，つぎに何箇所かを絞り，最後に曲げ加工してようやく箱状になる．

写真 14-17　乗務員室の個人用ヒータのカバー
運転席の下などに備えられるヒータのカバーである．

奥様の協力

　こうした工場では，奥様も一人前の働き手である．著者がお話を伺っていて話題が過去の製品に及ぶと，聞くともなしに聞いておられた奥様がさりげなく棚からそのときの製品の残りを持ってきて，テーブルに置かれるのである．場内には50トン，25トンのベンダ，「けとばし」と呼ばれる旧型のプレス，シヤリングマシン，鋸盤，ボール盤，足踏み式スポット溶接機，厚物のできるNCセットプレス，3本ロールベンダなど，前記のターレットマシンを除けば新鋭機器とは言いがたいが板金用のひととおりの機械が揃っており，たいていのものはここで作ることができる．たまに寸法が大きくて手に負えないものや旋盤加工などが含まれるときは，人脈を頼って外注するのだという．営業は不得手なので積極的に注文取りに出掛けることはないそうだが，長年の実績ゆえか，お二人の食い扶持程度の仕事は鉄道会社や車両会社から自然と入ってくるものらしい．

　こういうところに来る注文はどちらかというと多品種少量生産のものが多いだろうが，NCマシンを使う限り，テープさえできてしまえばあとはいくつでも製造できるのだから，同一寸法多量の注文がほしいのはいうまでもない．前記のひじ掛けなどは，たとえ1編成分でも数にすれば同じものが600個も必要なので，大変有難いそうである．

写真14-18　明るい工場とご夫妻
せまいながら清掃が行き届いている．左は手洗いの流しとお茶コーナー．

あとの心配

　プレス加工に「かえり」はつきものだから，後工程から苦情が出ないためには，最後にやすり等でかえりを取ることはかかせない．

　あるとき某鉄道で，何かはさまったのかドアが完全に開かず，車掌がドアを足で蹴ったところ戸袋の中にあるガイドローラの溶接部が折れてしまうという事故があった．このローラのユニットは台座にピンを溶接する構造だったが，この頃この品物を納め始めたばかりだったのでひそかに心配していたところ，こちらの納入前の品物とわかり，胸をなで下ろしたという．また，某駅でATSがありながら列車が暴走し衝突事故を起こした際にも，もしも床下のブラケットが外れてATS車上子が落下したのではないかと余計な心配をしたが，無関係だったという．運転台内に取り付ける箱ならまだ安心だが，床下機器の支持箱などで溶接構造のものは納入後も心配が絶えない，と笑っておられた．製作者の名前などどこにも入っていない全くの部品であっても，後々まで責任を感じるという，いわば町工場の職人魂のなせる心意気なのであろう．

15章 主制御器

電動機の速度制御

　この章で取り上げようとする「主制御器」は，鉄道車両の機器の中でも重要度ならびに技術の程度において最右翼であり，趣味的にみればあまり面白いものではなく，かつ専門家以外には理解できない部分が多い．したがってこれまでの他のパーツとは自ら一線を画す存在ではあるが，といって割愛するわけにも行くまい．高度な領域は専門書に任せ，こちらはごくあっさりと眺めることにしようと思う．なお，鉄道車両の動力は電気のみではないが，現代のわが国の鉄道は何といっても電車の時代であり，これまでも電車を中心に話を進めてきたので話題をひとまず直流電車の制御器に限定することにする．

　さて，電動機はコンパクトで扱いやすく，周辺に公害を出さず騒音も

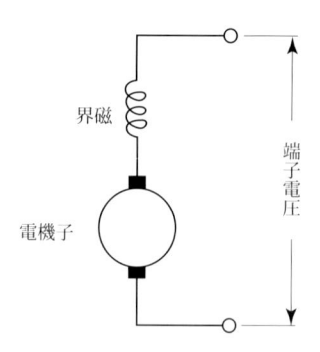

図 15-1　直流直巻電動機

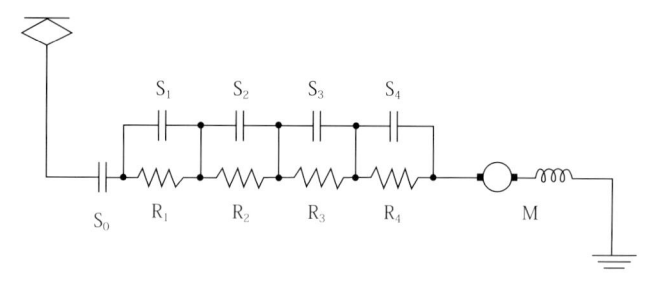

図 15-2　抵抗制御

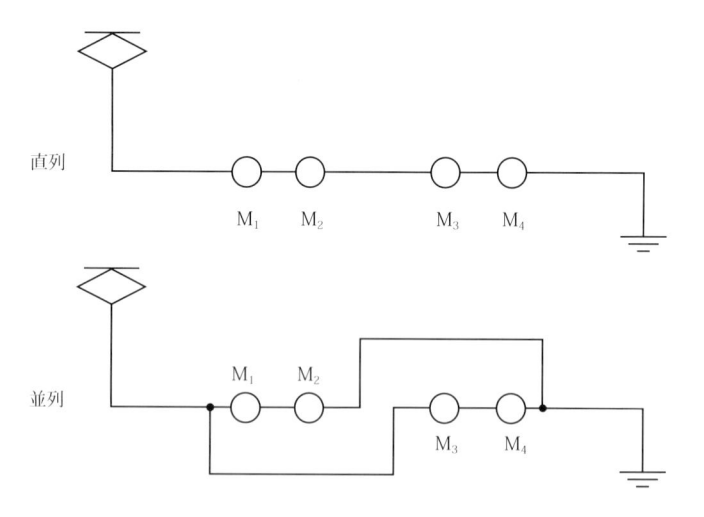

図 15-3　直並列制御

少ないなどの理由で今日ではあらゆる分野の動力源としてひろく利用されているが，ただ回っていればよいものと，速度制御を必要とするものに大別することができる．鉄道車両の電動機は後者の代表的なものである．特に直流直巻電動機はごく最近まで，速度と引張り力特性からみて鉄道車両用として最適とされてきた．

鉄道車両はその使命からしてできるだけ速く走ることが望まれるが，停止していた状態からいきなり高速に移行しようとしてもレールと車輪との粘着（摩擦）に依存する以上空転などの問題があり，また乗り心地の面でも急激な加速は好ましくない．そこである制約の元で徐々に速度を増して行くことが必要であり，制御装置が必要となる．

わが国最初の電車は，1890（明治23）年，東京上野の内国勧業博覧会で運転されたもの，営業した最初は1895（明治28）年の京都電気鉄道であるが，それ以来1960年代まで，速度制御方法はほとんど原則的に変わっておらず，

a) 抵抗制御
b) 直並列制御
c) 界磁弱め制御

の3つを組み合わせたものであった．

ところで，直流電動機の毎分回転数nは次の式で求められる．

$$n = K \cdot \{V - (IR + e)\} / \phi$$

ただしKは定数，Vは端子電圧，Iは電機子電流，Rは電機子回路抵抗，eはブラシ電圧降下，ϕは磁束である．

したがってRを変化させるのが抵抗制御，Vを変えるのが直並列制御，ϕを変化させるのが界磁制御ということになる．

抵抗制御法

速度制御法ではあるが，起動方法でもある．停止状態では電機子に誘起電圧が発生していないので，過大電流が流れないように直列に抵抗を入れ，速度の上昇に従って徐々に抵抗を減少しつつ電動機電流をほぼ一定値以内に保ちながら起動，加速するのである．図15-2の例では抵抗Rと並列に配置されたスイッチSを順次投入して抵抗を短絡して行く．

この操作を運転士のハンドルで直接行うのが「直接制御」であるが，

写真 15-1 床下の主抵抗器
鋳物のグリッド抵抗器がよくわかる．2基見えるが，残り2基は反対側にある．東武博物館のデハ5号電車．

写真 15-2 ずらりと並んだ主抵抗器
電動車2両分を受け持つとはいえ壮観である．JR常磐線で本来地下鉄乗り入れ用だった103系1000番代電車．

写真 15-3 強制冷却式主抵抗器
中央のブロアで両側の抵抗器の熱を強制冷却しているので，ブロアの分さらに電力を消費する．常磐線地上線用103系．抵抗を示すようなΩのマークは，実はメーカー（鈴木合金㈱）の社章である．

これは今日では一部の路面電車くらいにしか見られない．その理由は，
  a. 主回路の高圧電流を運転士の手元で直接入り切りするのは危険である
  b. このやり方だと運転士のいる車両しか制御できない

ということであるが，これらは架線電圧 600 〜 1500 V，8 〜 16 両連結した電車列車をイメージすれば納得いただけることであろう．

これに対して一般の電車の制御方式は，先頭車の運転台にある低圧の主幹制御器（マスコン）で各動力車の床下にある高圧の主制御器を動かし，主電動機を制御する間接制御，別名「総括制御」方式である．

やや脇道にそれるが，蒸気機関車の牽引する列車で特に人気があるのが重連や最後尾に補機をつけたりした煙の沢山上がる列車であるが，このように複数の機関車がいる場合には各機関車にそれぞれ機関士（蒸気機関車では機関助手も）が乗っており，主務である先頭の機関車の鳴らす汽笛を合図に力行したりブレーキをかけたりして協調運転を行うのである．これと対比するまでもないことだが，総括制御が簡単に実現できることが今日の電車の隆盛をもたらした最大の理由であるといっても過言ではない．なお，以下いちいち説明しない場合もあるが，走ることが使命である鉄道車両において，「走り」に直接関与するものの名称には「主」が付けられる．

主抵抗器は通常，格子状，あるいはリボン状の鋳物である．これに大電流を流すのだから，電車は巨大な電熱器を抱えているようなものである．といって寒い時期でも車内温度に合わせてスイッチを入り切りするわけに行かない電熱器であるから暖房の役には立たず，まして夏季など，乗降時に床下から吹き上げる熱風にまともに当てられた経験をお持ちの方も多いだろう．

直並列制御

1両の電車に少なくとも2個の主電動機があれば，これを直列，並列につなぎかえることによって端子電圧は2倍に変化する．通常の電動車には4個のモータがあるから台車毎に2個ずつを永久直列とし，4個直列で起動し，高速になったら2個ずつ2組につなぎかえるのがいわゆる直並列制御で，前記の抵抗制御法と併用される．直列から並列につなぎかえる操作を「わたり」といい，電流値やトルクが急激に変化するのを

写真15-4 床下の主制御器
この箱の中にカム軸接触器、カム軸電動機、逆転器、継電器等が収納されている。右端の蓋がふくらんだ部分は主電動機開放器（MCOS：Main Motor Cut-out Switch）が入っている。

写真15-5 主制御器の内部
東武博物館ではふたを透明にして内部の動きを観察できるようにしている。リング状のカムが取り付けられているのがカム軸。右に見えるナイフスイッチが主電動機開放器（MCOS）。

写真15-6 マスコンとブレーキ弁
東武博物館ではこのマスコンを操作すると写真15-5の主制御器を介して目の前の台車の車輪が回転する。このような展示は他の博物館でも行っている。

防ぐため，橋絡法といって一時的にブリッジを通すなどの対策が採られている．なお理屈の上ではすべてのモータを並列にすればさらに高速が得られるわけだが，端子電圧が高くなって絶縁に危険が生じるのと，すべてのモータと主制御器とを独立に配線しなければならないなどの問題があり，実用されていない．なお，電気機関車には主電動機6個のEF形が多い．この場合，直並列制御だけでも2個×3組，3個×2組，6個×1組と3段階に変化させることができる．

昭和30年代から私鉄を先頭に普及を見たいわゆる高性能電車では電動車2両を1ユニットとしており，1台の主制御器で2両分の主電動機8個を4個ずつ直並列制御する1C8Mと呼ばれる方式が主流である．

界磁弱め制御

抵抗をすべて短絡した上，さらに加速する手段として，界磁の磁束を弱める界磁弱め制御も古くから行われている．これをタッパと呼ぶのは，界磁巻線の途中からタップを出して，これを短絡することに由来するのであろう．

なお同じように界磁を弱めて電動機のトルクの弱い状態で起動することで発進時の衝撃を緩和するという別の界磁弱め制御があり，かつての湘南電車に採用されていたという．

主制御器

床下にある主制御器は，マスコンの指示にしたがって主回路の接続を自動的に進めて行く装置である．さまざまな形式があるが，代表的なものに「電動カム軸式」がある．

この制御器ではマスコンの指示によってパイロットモータ（カム軸電動機）が回転して電動カム軸が所定角度だけ回転し，回転につれてカムが周囲のコンタクタと接触したり離れたりして主回路の接続状態をさまざまに変えて行くのである．いうまでもなく，先頭車両の運転台からはマスコンの指令信号だけが編成内の全電動車に流れ，各電動車ではそれぞれの主制御器が同じように作動して自車の主電動機を制御するのである．

運転上の負担を増すことなくスムースな起動，加速を行うため，主制御器の制御段数は主幹制御器のノッチの数よりずっと多くとってある．

写真15-7 屋根上の主抵抗器
箱根登山鉄道では車体が小さい上に発電ブレーキを常用するため主抵抗器を床下に収容できず，屋根上に載せ，冷房機は室内に設置している．

写真15-8 千代田線6000系と並んだJR103系電車
6000系はチョッパ制御の本格的な省エネ電車．隣の103系はかつて千代田線乗り入れ用に製造された1000番代で，今は常磐快速線に転じている．我孫子駅で．

写真15-9 JR九州の103系電車
車体部分のリフォームを施されてまだ当分使われそうだ．福岡市営地下鉄に乗り入れるJR筑肥線の福岡空港行き電車．

直列9段，並列6段，弱め界磁5段合計20段などというのはごく普通であり，地下鉄日比谷線の3000形電車のようにバーニア制御などという裏ワザを使い，力行77段などという超多段を売り物にしていた車両もある．

主幹制御器の刻み（いわゆる「ノッチ」）には1,2,3…という数字もあるが，1, S, P, Tというものもある．1は徐行運転のための直列第1段（この位置にしておけば進段しない），Sは直列，Pは並列，Tは弱め界磁の意味で，ノッチ位置に従い床下の主制御器では各ノッチの最終段まで自動的に進段する．運転台の後ろで電流計を観察していると，運転士のノッチ操作の間に電流計の針が何回も往復するので，進段の回数を数えることができる．

発電ブレーキ

ここまでは電車が発進し加速する，いわゆる力行の話であった．ところで直流直巻電動機は，その極性を変えてやるだけでそのまま発電機とすることができる．走行の運動エネルギーによって主電動機で発電させれば駆動機構がそのまま制動機構となるので，車輪の踏面にシューを押しつける従来の摩擦ブレーキに比べて消耗部分がないなどの長所があり，登山鉄道などでは古くから実用されてきた．特に，自動車のエンジンブレーキのように長時間連続して作用させてもブレーキ力が安定しているので，長い連続勾配を下る際などには最適である．ところで，発生した電力はどうするのかというと，追って説明するように現在では電力として有効に回収しているが，これまではやはり抵抗器を通して熱エネルギーに変え，放散させていた．そして主電動機，主制御器，そして主抵抗器も，力行用よりも大容量のものが必要とされ，過去において発電ブレーキが一般鉄道ではあまり採用されない理由でもあった．

103系電車

JR京浜東北線などを走っていた209系電車に乗ると，車内に「この電車は従来の半分以下の電力で走っています」というステッカーが貼ってあるが，その下に小さい字で「省エネ電車209系の消費電力は103系電車の47%」と書いてある．これを見て単純に感心してはいけない．209系はよいのだが，JRが自ら引き合いに出している103系電車は決して過去の電車ではなく，2004年の今日でも全国至る所で見ることの

できる現役の車両だからだ（詳しくは 212 頁参照）．

さきにも触れたように，全電動車方式，カルダン駆動などの高性能の走り装置を備え発電ブレーキを持つ高加減速のいわゆる高性能電車が大手私鉄ではすっかり当たり前になり，ちょっとした地方私鉄，たとえば富士山麓（現在の富士急行）や長野電鉄にまで登場していた 1957（昭和 32）年になって，当時の国鉄が漸く登場させた高性能電車が中央線に投入された 101 系（デビュー当時はモハ 90 形）であった．ところが表定速度が高く駅間距離も比較的長い中央線ではこれでもよかったものの，6 年後にこれとは逆の路線条件を有する山手線に新車を製作する段になって，同じ車両では不経済であるとして電動車と非電動車の割合を 1:1 とし，最高速度もかなり低めに設定していわば 101 系のエコノミー版として 1963（昭和 38）年に登場させたのが 103 系電車なのである．高性能電車とはいえ，まだ抵抗制御の時代である．ところが，性能を少々犠牲にして経済的に建造できたこの電車がよほど当時の国鉄の体質に合っていたのか，以来 1984 年まで 20 年以上，何と 3000 両あまりも製造され首都圏，大阪，名古屋地区を始め，仙台，広島，九州などにも配置された．

先輩の 101 系は 201 系にバトンを渡して 2002 年，全 JR 路線から姿を消したが，103 系の方は数が多いのと車令が若いこともあって簡単に廃車にもできず，今なお全国の JR 線のあちこちで新車の 2 倍以上のエネルギーを消費しながら走り続けているのである．当初の建造費は安かったかも知れないが，償却が進んだ今となっては走行費がかかることの方が問題である．

103 系の中に 1000 番代，1200 番代といって営団地下鉄（現・東京メトロ）千代田線，東西線に乗り入れるために作られたグループがある．ある年の国の会計検査院の報告で，相互乗り入れで同じ路線を走りながら，営団車両の倍の電力を消費しているのはまことに遺憾である，という指摘を受けたことさえある．その後他にも理由があって乗り入れ車両は他の車種に交替したものの，1000 番代，1200 番代電車は残念ながら今も健在である．JR 東日本に関しては，直営の新津車両製作所が年産 250 両というハイペースで E231 系等の 103 系に代わる新車の製造に精を出しているが，置換完了までにはまだ暫くかかるだろう．

パワーエレクトロニクス時代の到来

　ここで予めお断りしておかなくてはならないが，以下の話題は鉄道車両のパーツのうちでもかなり異質のハイテク分野であり，耳慣れない専門用語が随所に登場するが，いちいち解説していられないし用語解説頁を設けてもさばき切れないと思われるので，いっそのこと注釈は一切省略させていただく．また回路図のたぐいも使用しないことにする．興味を覚えられた方は，巻末の文献リストにより専門書を覗いて見られることをおすすめする．

　さて，電車が登場してからつい最近まで，こと制御器に関するかぎり改良はいずれもマイナーな範囲に留まり，抵抗制御という本質には何の変化もなかったといえる．試験段階は別として，営業用の車両で改革が始まったのは1960年代も末のことである．1969年，東急東横線に登場した8000形電車は，力行はこれまでどおりの抵抗制御だが，「界磁チョッパ」と呼ばれる方式で初めてサイリスタを使用して回生制動を行った．つづいて1970年登場の阪神7000系電車は力行専用の「電機子チョッパ」を採用，そして翌1971年，営団地下鉄千代田線の第2期開業区間，大手町～霞ケ関に投入された130両（13編成，10両編成中電動車は6両）の6000系電車で初めて力行，回生両用の完全な「電機子チョッパ」電車が登場した．

　回生制動とはブレーキ操作によって発生した電力を架線を通して変電所に戻し，同じ瞬間に力行中の他の列車に利用させるブレーキ方式のことで，これ自体は例えば1933（昭和8）年製造の京阪電鉄京津線50形電車のようにチョッパ制御以前から存在した．ローカル路線等で同時に他の列車が走っていない場合には利用できないのだが，わが国の通勤路線ではそのような心配はなく，省エネルギーの面できわめて有効なシステムである．なお制動中に一瞬でもパンタグラフが架線から離れると回生が失効するので，回生ブレーキを備えた車両はパンタグラフを2基設け，並列に接続してこれを防ぐようにするのが普通である．

チョッパ制御

　チョッパとは，直流の電圧，電流を高速，高頻度でオンオフする電子スイッチ装置のことである．スイッチングによりオンオフの頻度や通電

写真 15-10　東急 8000系電車
1969年，わが国で初めての電子制御である界磁チョッパを採用した．田園都市線に投入予定だったが，とりあえず東横線に登場した．

写真 15-11　阪神 7000系電車
電機子チョッパではこの車両が1970年，営団地下鉄を出し抜いて初採用の栄誉に輝いた．

写真 15-12　地下鉄千代田線6000系3両編成
当時の営団ではこの車両で慎重に試験を続けていた．大任を果たした現在では3両という短い編成のため北綾瀬の支線でひっそりと余生を送っている．

時間を変えることでモータに流れる電流と電圧の平均値を変化させ,速度制御を行うことができる.

電源電圧 E に対して抵抗（負荷）R にかかる負荷電圧 E_R は,

$$E_R = E \cdot T_{ON} / (T_{ON} + T_{OFF})$$
$$= E \cdot T_{ON} / T = E \cdot \gamma$$

で表される.ここに T_{ON} は通電時間,T_{OFF} は遮断時間,T はスイッチングの周期で,$\gamma = T_{ON} / T$ を通流率という.

半導体スイッチング素子の始まりは 1958 年に GE 社が発表した SCR（Silicon Controlled Rectifier）である.これが GE 社の商品名であったため,1962 年の国際会議でサイリスタ（Thyristor）と呼ぶことに改められた.pnpn 構造を基本とする単結晶半導体スイッチである.当時営団地下鉄で開発の任に当たられた刈田威彦氏の回想によると,「直径 30 mm,厚さ数 mm のウエハーを内蔵したビスケットのような代物が,目にもとまらぬ早業で音もなくモータ電流を入り切りするとは,とても思えなかった」という（「電機子チョッパ制御の開発と車両制御技術」『鉄道ピクトリアル』誌 1999 年 3 月号).

初めてサイリスタチョッパの実験をしたのはドイツの AEG 社（電気機関車メーカーの「アルゲマイネ社」としてわが国でも知られる）で 1962 年のことであるが,わが国においては三菱電機から営団地下鉄（現・東京メトロ）に提案があり,1965 年 9 月に当時の営団地下鉄方南町支線で銀座線 2000 形車両を用いて行われた現車試験が最初とされる.営団地下鉄ではその後メーカーに日立製作所も加え,MTH（三菱,帝都高速度交通営団＝営団地下鉄,日立）のチーム名のもと,第 1 次試作車,第 2 次試作車と慎重に試験を進め実用化を目指したのであるが,当初目標とした 1969 年 9 月開業予定の千代田線への投入には間に合わず,前記のとおり第 2 期開業に漸く営業車をデビューさせることができた.

電機子チョッパ制御は力行時も制動時も一切抵抗器を使用せず,かつブレーキの際の運動エネルギーは電力として回収できるので,トンネル内の温度上昇が抑制される上に省エネルギーが達成されるから特に地下鉄用として好適のシステムと考えられる.その後,1974 年開業の有楽町線用 7000 系は千代田線のものを改良した AVF（自動可変界磁制御）チョッパを,また 1981 年投入の半蔵門線用 8000 系ではさらにこれの改良したものを採用している.

写真 15-13　JR203系のチョッパ制御装置
地下鉄乗り入れ用としてお付き合いでチョッパ制御を採用した格好．

写真 15-14　地下鉄丸ノ内線 02系の4象限チョッパ
茗荷谷駅でいうと南側の床下にあるのは「主チョッパ」である（三菱マークのあるやや大きい四角い箱）．

写真 15-15　地下鉄丸ノ内線 02系の4象限チョッパ
同じ車両の反対側の床下にも同じような箱が見えるが，こちらは「界磁チョッパ」である．「主チョッパ」と連携して4象限モードを実行する．

1983年の大晦日，すなわち昭和59年の初詣から銀座線にデビューした01系は高周波分巻チョッパ，別名4象限チョッパと称するさらに改良された方式である．主電動機には直流分巻モータを使用し，電機子チョッパ，界磁チョッパをそれぞれ別個に制御することによって前進力行，前進制動，後進力行，後進制動の4運転モードの切り替えを連続かつ円滑にやってのけるすぐれもので，チョッパ制御もこのあたりで完成の域に達したといえる．銀座線につづく丸ノ内線の02系も同じ方式である．

　このようにチョッパ制御は営団地下鉄が先鞭をつけ，以後札幌市東西線，名古屋市鶴舞線，大阪市御堂筋線など各地の地下鉄を主体に採用が続いた．一般私鉄でも近鉄（京都市地下鉄乗り入れ用），阪神，南海等に採用されてはいるが，一般私鉄ではコスト面の理由から次に説明する「界磁チョッパ」を採用する会社の方が多く，そうこうするうちにVVVF制御が登場してチョッパ車の時代は終わってしまった．JRはチョッパ制御に関しては1979年試作の201系とその量産車，地下鉄乗り入れ用203系の2系列にとどまった．

界磁チョッパ制御と界磁添加励磁制御

　この2つはいずれも基本的には抵抗制御である．界磁チョッパ制御は主電動機として複巻電動機を使用し，電機子回路は抵抗制御，分巻界磁回路にのみチョッパ制御を行う．これだとチョッパ装置を電機子チョッパに比べてきわめて小容量とすることができるのでコストが安く，しかも回生ブレーキが使用できるので制動時には抵抗器を使用せず省エネルギー特性がよい．また界磁の連続制御により定速度運転が容易であるなどの利点があり，前記の東急8000系を皮切りとして私鉄電車に広く普及し，簡易チョッパ車とでもいえる方式である．とはいえこの東急8000系は少なくともわが国で電車の制御にパワーエレクトロニクスを取り入れた最初である．デビュー当時の東急車両課長，斉藤秀夫氏の文章に，

　　「主回路のチョッパ制御（著者注：電機子チョッパのこと）では主抵抗器の不要，接点部分の減少等多大な利点があるが，製作コストの面から現状では採用に踏み切れないでおり，他励界磁の

写真 15-16 東急 8000 系の床下
左側に見えるのが界磁チョッパ，その右はカム軸式の主制御器である．反対側には主抵抗器があり，界磁チョッパ車は抵抗制御車の仲間であることがわかる．

写真 15-17 近鉄大阪線 1253 系電車
近鉄は 1984 年の試作車モ 1420（当時の番号はモ 1251）で 1500 V 車として世界初の GTO による VVVF インバータ制御車を登場させた実績がある．このモ 1255 はその量産車である．

写真 15-18 近鉄 VVVF 車のシンボルマーク
VVVF INVERTER の文字をデザインしてある．南大阪線で．

みのチョッパ制御であればコスト的にもほぼ引き合う見込みである.」（『鉄道ピクトリアル』誌 1970 年 1 月号）

とあって，当初の電機子チョッパがかなり高価なもので，採用できなかった事情がうかがわれる．

こうして地下鉄系が主抵抗器のない電機子チョッパ，一般私鉄が経済的な界磁チョッパという色分けが出来上がったわけだが，考えてみると地下鉄の経営体というのはすべて地方自治体である．採算を重視する民間の一般私鉄では電機子チョッパのよいのが分かっていても「ない袖は振れない」のに対して，お役所では大義名分さえ立てば予算が付きやすいという事情の違いもあったのではないだろうか．

界磁添加励磁制御は従来の直巻電動機を使用して回生ブレーキ可能としたもので，界磁制御用に MG（電動発電機）などの励磁電源が必要ではあるが，添加励磁による強め界磁制御を行って性能向上を図ることもできる．1984 年，国鉄時代の末期に山手線に登場した 205 系電車（現在 231 系への置き換えが進行中）に採用された他，発電ブレーキ車から容易に改造できるので阪神電鉄等で在来車からの改造例も見られる．

インバータ制御

主電動機に交流の誘導電動機を使用することにより，整流子とカーボンブラシをなくし，メンテナンスの省力化，モータの小型化を達成すると同時に粘着性能の改善を図ろうという試みは早くから世界的に考えられていたことであるが，誘導電動機は本来が定回転型のモータであるから，これの速度制御をいかに行うかという問題が開発のポイントであった．

さて，誘導電動機のトルク T は，次の式で表される．

$$T = K \cdot (V/f)^2 \cdot f_s$$

ただし K は定数，V は電源電圧，f は電源周波数，f_s はすべり周波数である．したがって電源電圧や周波数を単独に，または複合して変化させることができれば，最適なトルクで速度制御を行うことができる．パワーエレクトロニクスとマイクロエレクトロニクスの目覚ましい発展によってこれが夢ではなくなったのである．

写真 15-19 VVVF インバータ装置
U, V, W の三相の交流で誘導電動機を駆動する．都市基盤整備公団線（当時，現・北総鉄道）9100 形電車．1995 年製で，VVVF 装置は東洋電機製．

写真 15-20 VVVF 装置のゲート制御部分
東急 9000 系電車．右側は断流器．

写真 15-21 VVVF 装置のインバータ部分
同じ東急 9000 系．インバータのある主制御器はゲート制御装置とは反対側にある．メーカーは日立製作所．

具体的には，直流電源から三相交流を作り出す大容量高耐圧のGTOインバータ（インバータは直流→交流変換器の意，素子としてはGTOサイリスタ，Gate Turn-Off Thyristor）の開発，そしてマイクロコンピュータによる制御技術の進歩によって，電圧ならびに周波数を任意にコントロールするVVVF（Variable Voltage, Variable Frequency）制御が実現し，「かご形」と呼ばれる簡易な構造の三相誘導電動機を速度制御することができるようになった．

チョッパ制御の開発について営団地下鉄の全面的な協力があったことは前記したが，インバータ制御の場合その推進役は大阪市交通局（大阪市営地下鉄）であった．1979年から研究を始め，東芝，日立，三菱の3社にVVVFインバータを試作させて1981年から現車試験を行っていた．しかし営業用でわが国初のインバータ制御電車として知られるのは何と熊本市交通局（熊本市電）8200形という路面電車（口絵8）で，1982年8月の登場である．このときのインバータはGTOサイリスタではなく逆導通サイリスタと呼ばれるものであった．路面電車でインバータ制御が早く実現した背景としては，架線電圧が600Vと低圧（一般の高速電車は1500V）で素子の耐電圧に対して不安が少なかったこと，信号用の軌道回路がないので高周波交流による誘導障害の懸念がなかったことに加えて，8200形は1台車1モータという特殊設計だったため車輪径差によるトルクアンバランスの心配がなかったことなどがあった．

1984年に営業開始した近鉄1250系電車は1500V用としてはじめてGTOを搭載，サイリスタ素子の4500V，2000Aは当時世界最大であった．なお現在では4500V，3600Aのものまで出現している．大阪市営地下鉄中央線の20系は試作の1編成6両が1984年末から，翌年秋から続く4編成が製造され，生駒までの現在の近鉄生駒線との相互乗り入れに使用された．

それから20年が経つ．この間に素子はGTOからIGBT（Insulated Gate Bipolar Transistor，絶縁ゲート形トランジスタ）へと変わっている．GTOがもっぱら電車の制御用として開発されてきたのに対し，IGBTは汎用の素子が電車制御用として採用可能なレベル（耐電圧，容量）に到達したものと見ることができる．低騒音，低誘導障害，小型，軽量，すぐれた制御性など，VVVFインバータ制御もこれによってさらに一歩，理想に近づいた感がある．今やわが国で製造される電車のほ

写真 15-22 VVVF インバータ装置
1993年春に登場した209系は試作の901系に続くJR電車におけるVVVF制御の本格採用第1陣で,現在の231系の基となった.インバータ制御装置が2組あり,電動車2両分8個のモータを制御する.

写真 15-23 VVVF インバータ
地下鉄千代田線6000系のVVVF装置.この車両はチョッパ制御装置の老朽化による更新の際,IGBTによるVVVF制御に変更された.

ぼ100％がIGBTによるVVVFインバータ制御を採用している．おまけにこれに使用されるGTO，IGBT等の素子はわが国が最も得意とする技術分野であり，電車の制御器においていまや世界をリードしている．

交流誘導電動機の魅力

　チョッパ制御の完成品とされる電機子チョッパとVVVFインバータ制御とは，エネルギー効率ではほぼ同等といわれる．設備費は計算の仕方でいろいろに考えられるが（省エネ設備ということで国土交通省による税制上の優遇措置もある），仮に制御器部分が同等であったとしても，一方は直流電動機，他方は交流電動機となると，モータによる相違が大きい．

　直流電動機には整流子とカーボンブラシが欠かせない．カーボンブラシは消耗部品で，頻繁な点検と交換を必要とする．ブラシがこすりつけられる側の整流子は銅製のセグメントであるが，これもブラシほどではないにしろ磨耗し，進行するとセグメントの間に挿入されている絶縁材のマイカがブラシに当たるようになるのでこれを削って元のようにくぼませる「マイカ削り」という作業が必要である．交流モータにはこのような作業が一切ないのでメンテナンス面で著しい利点がある．おまけに交流モータなら整流子部分の短絡によるフラッシオーバと呼ばれる故障もない．ブラシの点検はモータの真上の車体の床に設けられた蓋を外して行うのだが，これが不要なので床に開口部を設けなくてよいから車内が静かになる．さらによいことには，通常モータは回転軸を車軸と平行にして台車に取り付けられるのでモータの軸方向の長さは車輪の内側の寸法に制約され，狭軌であるわが国の大部分の鉄道では大出力のモータを採用する障害となっていたが，交流モータは整流子部分がない分だけモータの正味部分，つまり界磁と回転子を大きくできるという利点もある．つまりVVVFインバータ制御はエネルギー効率，建造コスト，メンテナンスコストのすべてにおいて申し分のない優等生なのである．長年電機子チョッパを推進してきた営団地下鉄でさえ，ある時期以降の増備車はすべてVVVFインバータ車であるという事実をもってしても，そのことは証明される．

　多少言葉は違うが，鉄道友の会の古川文夫氏は，「先発投手（抵抗制御）が長いイニング頑張ったあと登場した中継ぎ投手（チョッパ制御）が立

表 15-1　JR103 系と 209 系電車の基本性能比較

	103 系	209 系
編成両数	10 両	10 両
電動車比率	60%	40%
編成重量	363.1 t	240.7 t
編成当り主電動機出力	110 kW × 24	95 kW × 16
編成重量当り出力	7.27 kW/t	6.31 kW/t
力行消費電力量*	18.12	12.97
回生電力量*	0	4.38
実際消費電力量*	18.12	8.58
同比率	100%	47%

＊単位は kW h/km（編成あたり）
(『鉄道ピクトリアル』誌 2003 年 6 月，原出典は『JREA』誌 2002 年 8 月)

派にその役目を果たしてボールを抑えの投手（インバータ制御）に渡した」と表現しておられる（「総覧　日本のチョッパ制御電車」『鉄道ピクトリアル』誌 1999 年 3 月）．

　本章前段でご紹介した「209 系の消費電力は 103 系の 47％」について，その計算根拠を表 15-1 でご紹介する．両者の差には車両重量や電動車比率による部分があるが，そもそも VVVF インバータ制御は粘着特性がよいのも特徴のひとつなので空転が少ないため編成中の電動軸数を少なくでき，これが車両重量や電動車比率の改善にまず寄与している．次にこれに伴い力行時の消費電力に大差が生じ，さらに回生の有無によって違いは決定的になっていることがわかる．

　ついでだが，東京の都営大江戸線，大阪の長堀鶴見緑地線，神戸の海岸線，福岡の七隈線などの小型地下鉄で使用されるリニアモータとはかご形交流電動機を直線状（リニア）に展開したものであり，当然ながら VVVF インバータ制御，レールの間にあるリアクションプレートと呼ばれる金属板は本来モータの回転子である「かご」が板状になったものである．

=ツールボックス=

規格形電車

　本書をお読みの方はおわかりのように，鉄道車両はパーツの集まりでできている．この膨大なパーツをいちいち注文主の言い分に合わせて設計，製作していてはコストもかかり納期も長くなる．何種類かに規格化してはどうか，とは誰しも考えるところである．しかし現状は，いかなるパーツもすべて注文生産であり，製作段階でどの路線の何形車両用ということが決まっている．パーツメーカー側の規格で見込み生産する，ということは決してないといってよいだろう．

　しかし車両そのものを，あるいは少なくともその部分を規格化しようという動きはこれまでにも何度かあり，今後もその方向で実現して行くだろう．終戦直後の1947（昭和22）年に運輸省が打ち出した「規格形電車」は，当時の乏しい工業力で少しでも多くの電車を製造しようという方策で，昭和22年度は全国私鉄11社121両が，23年度は4社65両が製造された．車体長，車体幅でグループを分け，細部については台車の形式，屋根の構造などかなり細かく規制するもので，例えば窓ガラスは幅700mmか800mmの2種類からしか選択できなかった．このため，初年度はともかく，23年度になると規格形とはいいながら細部にはかなり規格を逸脱する車両が増加したといわれる．

　最近のことだが，231系という単一規格の通勤電車を量産しはじめたJR東日本が引き金となって，231系をマイナーチェンジした新車を発注する私鉄が現れはじめ，部品を含むメーカーの団体である（社）日本鉄道車輌工業会の規格「通勤・近郊電車の標準仕様ガイドライン」が制定され，従来の多種少量生産からの脱却が指向されている．これは18m，20m車の標準車（プロトタイプ車という）を規定し，できるだけ多くの項目をこの仕様の中から選ぶこととしている．ステンレス鋼あるいはアルミ合金構体の231系に近いイメージである．ただし車体の前面形状，カラーリング，室内配色は個々の鉄道の特徴でもあるため標準仕様の対象外としている．それでも，鉄道事業者にすればわが社の車は「JRには負けない」「他社とは一味違う」というセールスポイントが欲しいし，メーカーにしても標準品よりも少しでも優れたものを売り込みたいのは人情で，それを言っていると元の木阿弥になりかねない．現に「銀ピカの電車はわが社にはなじまない」といってこの動きに同調しない鉄道も何社かある．鉄道ファンにしても，どの線に乗っても「色は違うが同じ電車」では面白くない．技術の進歩も止まってしまう．標準化も目立たないところで程々にしてほしいというのが正直なところだ．

Tool Box

16章 ブレーキシステム

スピードとブレーキ

　列車が高速で走れるのも，いざというときには停車できることが前提になっている．わが国では新幹線を除き原則として如何なる場合も列車は危険を感知してから600m以内に停車しなければならない，という大原則があるらしいので，列車のスピードアップもブレーキシステムのバックアップあっての問題である．

　ところで，実際に列車でブレーキが作用するのは車輪に対してであり，台車に装備されるブレーキ機構は「基礎ブレーキ」と呼ばれるが，これは『パーツ別電車観察学』の「台車物語」で紹介しているので，本書ではその上流に位置づけられるブレーキシステムを取り上げることにする．なお前章までにご説明したように，発電ブレーキや回生ブレーキな

16章 ブレーキシステム

写真16-1 小田急1200形電車
わが国で電車用に普及したAMMと呼ばれる自動兼直通ブレーキを比較的早く採用したことで知られる．1927（昭和2）年製．
(1967年撮影)

写真16-2 床下のブレーキシリンダ
以前の車両ではブレーキシリンダは台車ではなく床下に1個だけあるのが普通だった．右に見えるチェーンは手ブレーキから作用させるためのもの．東急の保存車モハ510号．

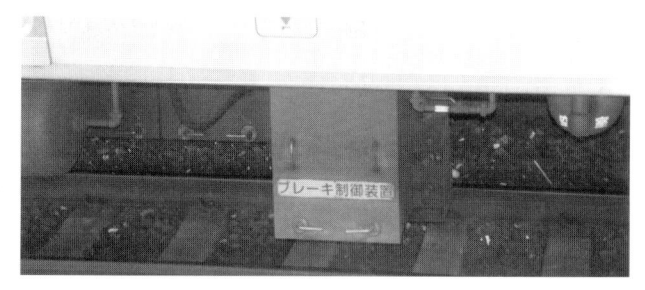

写真16-3 ブレーキ制御装置
各車両にあり，運転台からの電気指令を受けてここから各種の空気弁を制御する．左右に空気溜めが見える．JR231系電車．

写真16-4 ブレーキ制御装置
JR201系電車（末期のもののみ）では箱を簡略化してブレーキ関係の制御弁，コック等をパネルに取り付けている．

どの電気ブレーキもブレーキではあるが，装置としては駆動系統をそのまま使用するものであるから，ここでは取り上げない．

摩擦ブレーキ

　車輪にものを押しつけて停止させることは，鉄道の創世記においてもすでに行われていたことであるが，車両の発達とともにその機構も進歩してきた．鉄道初期の動力車といえば蒸気機関車である．ハンドブレーキ，手巻きウインチのような鎖ブレーキについで考案されたのは真空ブレーキである．蒸気機関ではエゼクタ（ejector）というものによって簡単に真空が得られるので，真空シリンダを用いてブレーキを作用させるわけだが，真空は圧力差が最大でも1気圧だから，必要なブレーキ力を得るにはかなりシリンダ径を大きくしなければならない．また配管で後方の車両まで真空を伝達するようにした（これを「貫通ブレーキ」という）のは大きな進歩だったが，中間のホースの外れなどがあるとブレーキが作用しなくなるという欠点もあった．

　1866年に，アメリカのジョージ・ウエスティングハウス（George Westinghouse, 1846～1914）がその後の鉄道車両のブレーキの主流となる圧縮空気による空気ブレーキを発明する．最初に考えたのは今でいう「直通ブレーキ」で，真空ブレーキとは反対に圧縮空気をブレーキシリンダに送ってブレーキを作用させるシステムである．真空に比べるとはるかに高い（同じシリンダ径であれば約5倍）ブレーキ力を得ることができるが，列車の連結が外れたりホースが破れたりするとブレーキが働かなくなる欠点は依然として残っていた．イギリスへの売り込みの際そのことを指摘されたウエスティングハウスが1874年に完成させたのが画期的な「自動ブレーキ」である．これは直通ブレーキとは違ってブレーキ管内に常時圧縮空気を込めておき，ブレーキをかけるときには管内の空気を抜くのである．これなら配管系に漏れや故障があってもブレーキがかかり，フェイルセーフのシステムとなる．ウエスティングハウスが行った貨車50両という長大列車が全土を回るというデモンストレーションが奏功してアメリカでは自動空気ブレーキの採用が法制化された．わが国の機関車も始めは真空ブレーキであったが，1921（大正10）年の北海道を皮切りに昭和始め頃までに全国で自動空気ブレーキへの切り換えを終わっている．

(a)

溝　釣合いピストン
度合弁
補助空気溜め
滑り弁
ブレーキシリンダ
ブレーキ管

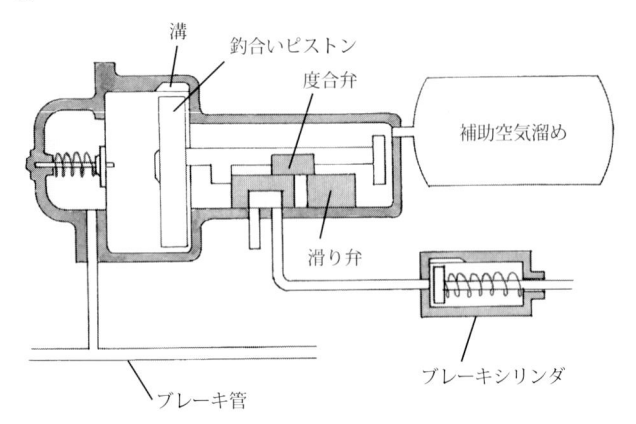

(b)

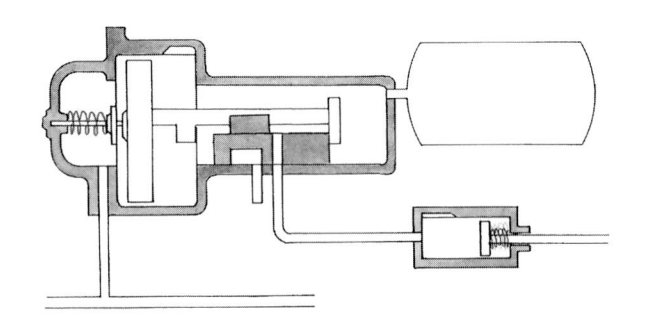

(c)

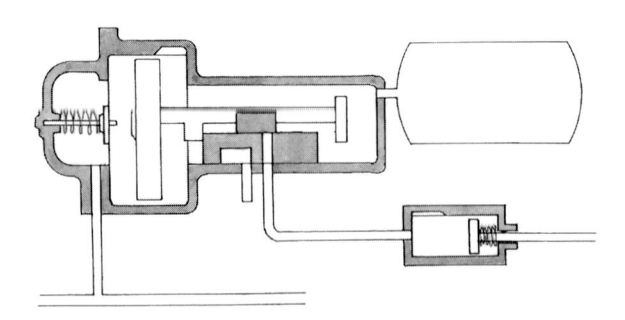

図 16-3　三動弁のはたらき
(a) 込め，(b) ブレーキ，(c) 重なりの状態を示す．

直通空気ブレーキと自動空気ブレーキ

　直通ブレーキは構成が簡単で応答性がよいので単独で走行することのある入れ換え機関車や路面電車などに使用される．概念を図16-1に示す．一方の自動ブレーキは前記したとおり安全性にすぐれ，連結運転をするほとんどすべての鉄道車両に装備されている．概念図を図16-2に示す．特徴は三動弁というものの絶妙な作用にある．三動弁の3とおりの動きを図16-3で説明しよう．

(a) 運転士がブレーキ弁によってまずブレーキ管に圧縮空気を込める．三動弁の釣合いピストンは右端に押され，ブレーキ管内の空気は上部の溝を通って補助空気溜めに流入する．このときブレーキシリンダ内は滑り弁によって外気に通じており，ブレーキは弛んでいる．

(b) ブレーキ弁を操作してブレーキ管内を減圧すると，釣合いピスト

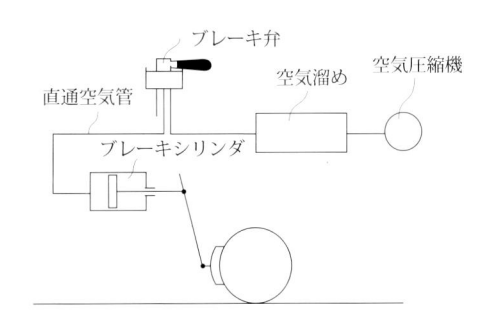

図 16-1　直通ブレーキシステム
主として単独で走行する車両に使用される．

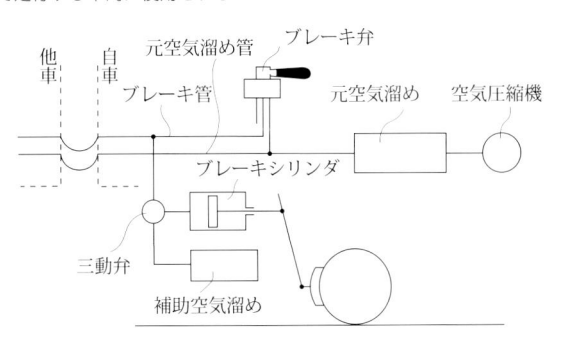

図 16-2　自動ブレーキシステム
主として連結して走行する車両に使用される．

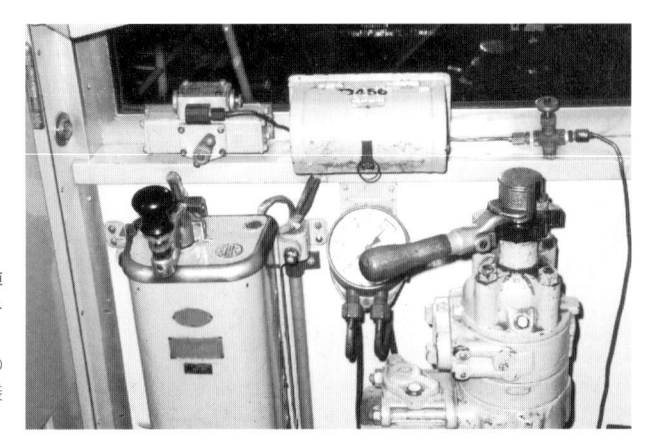

写真 16-5　旧型電車のマスコンとブレーキ弁
ブレーキ弁は空気管の切り替えのみで電気接点はない.

写真 16-6　電気指令式電車のマスコンとブレーキ弁
2ハンドルとしているが右側のブレーキハンドルも電気式である.

写真 16-7　ワンハンドル式マスコン
力行とブレーキを同一ハンドルで行う．これが現在の主流のようだ．

ンは左側に移動し，補助空気溜め内の空気は滑り弁の作用でブレーキシリンダ内に流入し，ブレーキがかかる．
(c) ブレーキ弁を重なり位置に戻してブレーキ管内の減圧を止めると，釣合いピストンは圧力差により少し右へ押し戻され，ブレーキシリンダは塞がれてそのままの圧力を保持する．

　この説明ではブレーキ管内の減圧は運転士の手元のブレーキ弁で行われるので，長編成の場合，後部車両に減圧遅れが生じる．増圧（ゆるめ）も同様である．これらを改善するために釣合い空気溜め，電磁吐出弁，電磁ゆるめ弁などのさまざまの機器が追加され，また直通，自動両ブレーキを併設する「自動兼直通空気ブレーキ」も普及している．

電気指令化

　何事も電気の世の中である．精巧を誇った機械時計が安物のクオーツ時計に敗退したように，ブレーキ管内の圧力変化で三動弁を作動させるシステムはいかにも古典的であった．VVVF制御のように鳴り物入りで採用される新技術と異なり，新車の紹介記事にも記述されない場合が多いが，いつのまにか，ブレーキシステムにも電化の波が押し寄せていた．

　運転士が扱うブレーキ弁は，いわゆる切り換えコックであり，ハンドルによって回転する内部の駒によって下面に開口している配管が塞がったり導通したりする．左から反時計回りに運転，重なり，ブレーキ，非常ブレーキの位置があり，中間のどこかにハンドル抜き取り位置がある．加減弁のように無段階に少しずつ流量を変化させる弁ではないから，電気信号には置き換えやすい．そこでこの弁に電気接点を設け，中継弁までを電気信号に変えることで長編成の場合の作動遅れをなくすことはかなり前（少なくとも昭和30年代）から部分的に行われていた．しかし全面的な電気指令ブレーキの採用は，制御装置のところでもご紹介した1969年の東急8000系電車から始まったようである．この電車はわが国で初めて「ワンハンドルマスコン」を採用し，力行とブレーキを同一のハンドルで行うようにした．編成先頭の運転台からのブレーキ指令は，電気信号で各車両の電磁中継弁に送られ，そこから先は空気管で末端のブレーキシリンダを作動させる．マスコンと主制御器の関係と同じである．電磁中継弁は例えば4枚のダイアフラムで仕切られた筒の中の空気

写真 16-8　空気圧縮機
空気圧縮機は CP と略称する．右側に見える丸い形のものがそうで，これは旧型国電などによく見られた GE タイプのもの．西武から譲り受けた総武流山電鉄の電車．

写真 16-9　空気圧縮機
交流電動機ベルト駆動，V 形 2 気筒レシプロ形．京成 3600 形電車．

写真 16-10　空気圧縮機
これもレシプロ形．京成 3000 形電車．

写真 16-11　パリの旧型国電
これが右頁で引き合いに出した旧型電車．レールも時代物の双頭レールである．Auteuil-Boulogne 駅の St.Lazare 行き．
1977 年 5 月撮影．

を4個の電磁弁のオンオフで出し入れすることにより筒の上部にある弁体の高さを4段階に変えてブレーキシリンダへ送る空気の流量を変化させるようになっている．ブレーキ管の車両間の引き通しがなくなり，作動的には直通ブレーキに戻っている．電気指令ブレーキは，ブレーキ性能もさることながらメンテナンス面でも効果があるので，今日ではわが国のほとんどの車両に採用されている．

なお，以前であれば軽くブレーキをかけたまま車両を発進させることも可能だったが，ワンハンドルだと力行とブレーキを同時に扱うことができないからワンハンドル車には「勾配起動スイッチ」というものが設けられている．

空気圧縮機と空気溜め

空気ブレーキに使用する圧縮空気は，いうまでもなく空気圧縮機で作られるが，空気圧縮機は多少容量を大きくすれば8～10編成で2台程度でよいから，床下に余裕のある車両に設置し，他の車両には元空気溜め管を通して供給している．したがって電気指令ブレーキの車両でも，元空気溜め管の引き通しだけは必要である．空気圧縮機は長らくピストンを有するレシプロ形だったが，最近では回転型も登場している．直流で駆動するものと交流のものとがある．

余談になるが，1977年にパリへ行って国電に乗ったとき，まだ古い車両が残っていた．鋼製とはいえまるで有蓋貨車に小さな窓を付けただけのような色あせた車体に第三軌条式なのでパンタグラフもなく，これでも電車なのかと呆れていたら，やがて床下でポコポコと空気圧縮機が動きだす音がして，ああやっぱり電車だったんだ，と妙に納得したものである．

各車両の空気源に位置する空気溜めが「元空気溜め」で，その他目的別に補助空気溜め，付加空気溜め，釣合い空気溜め等の小さな空気溜めがある．

写真 16-12 電動発電機
略称 MG, M と書かれた部分が電動機, G が発電機である. 地下鉄丸ノ内線 02 系電車.

写真 16-13 静止インバータ
金網のある部分が補助電源用の SIV である. 東急 8000 形電車.

エアレスの動き

　鉄道車両で圧縮空気を使用するのは，ブレーキシステムの他に側扉，台車の空気ばね，警笛，窓ワイパ等がある．ところで次章，ISO 9001のところでもご紹介するが，新京成電鉄では「純電気ブレーキ」を開発している．ブレーキシューなどの磨耗部分をなくすのが狙いである．電気ブレーキを使用する車両でも，最終の停止は機械ブレーキというのがこれまでの常識だったが，これを打破したのである．在来車を改造して実施したから今のところ空気ブレーキも残しているが，やがて空気ブレーキを全く装備しない電車も登場するかもしれない．一方，広島電鉄の超低床車「グリーンムーバー」は，空気圧の代わりに油圧ブレーキを備えている．これは超低床車のために床下に機器の設置スペースがなく，空気圧縮機を屋根上に載せると重心が高くなってしまうので，空気よりもコンパクトな油圧を採用したのである．時速3kmまでは電気ブレーキで減速し，あとは油圧のディスクブレーキで停止する．油圧は油が漏れたら大変，空気はその点安心という考えは古く，油圧システムの信頼性が向上していることも背景にあるだろう．

　空気ブレーキがなくなれば，あとの機器はいわばブレーキのおこぼれの空気を利用しているわけだから，それぞれ対策を考えるだろう．ドアにはリニアモータで開閉するものがすでに現れているし，警笛やワイパは電気でよい．空気ばねはちょっと妙案を思いつかない．

補助電源装置

　ブレーキシステムとはほとんど関係ないのだが，同じ床下の住人ということで，最後にひとつ残ってしまった補助電源装置にふれておきたい．

　車両には，直接走行に関わる主機の他に，さまざまな補機がある．架線電圧がせいぜい600Vの時代は，電灯まで強引に直列に結線して架線電圧のまま使用していた例もあったが，現在では架線電圧は1500Vが普通だし，直流機器の他に交流機器もある．放送，通信，計測情報機器など，特に近年，弱電ものが増えつつある．これらのための電力を供給するのが補助電源装置である．

　長らく，補助電源装置といえばMG，すなわち電動発電機（Motor Generator）の代名詞であったが，電子化の波はここまで押し寄せてい

る．静止インバータ（業界用語でSIV）とか，コンバータ／インバータ等というものがMGに代わりつつある．例のGTO等の仲間らしいが，VVVF制御に使うインバータが回転型なのに対して静止しているから静止インバータなのだという．ブラックボックスの中を見たわけでないから，そういわれても，そうですかというしかないのだが．

　補助電源装置に関連して，床下で結構広い場所を占めているのが蓄電池である．何しろ，車両のほとんどの機器が法令で，

「主たる電源の供給が絶たれた状態においても機能するものであること．」

と規定されているのだからたまらない．2003年夏も東海道新幹線が何時間か停電して車内は蒸し風呂状態だったが，明かりは消えなかったなどと報道されていた．昔は停電すると車内は真っ暗になり，薄暗い予備灯が小さく灯ったものだが，最近では車内放送があって初めて停電だったと気づく位で，車内はこうこうと電気がつき，ドアも開閉する．蓄電池がかなり強力になっているのである．

　一例を見ると，1958年の新鋭車両，京成の3000形電車では，2両毎に100Vアルカリ蓄電池容量20Ahのものが1組搭載されていたのに対して，同じ京成の2003年登場の新3000形電車では容量50Ahのものが8両編成当たり3基搭載されているから，2倍近くに容量アップされていることがわかる．

17章 ISO 9001 の認証取得

ISO とは

　本書の取材でいろいろなメーカーをお訪ねしていると,「ISO 9001 の認証を取得した」という話が異口同音に聞かれる．例えば電気連結器のユタカ製作所，幌の成田製作所，ステンレスパイプの共進金属工業，通信機器の八幡電気産業，電気機器の森尾電機，いずれもそうであった．こうしてメーカーが品質管理体制を確立し，お墨付きを貰うことで信用を高め，有利な受注につなげることは理解できる．ところが，2002 年，メーカーというよりはユーザーのように思われる関東の私鉄，新京成電鉄が車両整備部門として民鉄界初の ISO 9001 を取ったとのニュースにはいささか驚かされた．そこで最後に，鎌ヶ谷市初富（最寄り駅は「くぬぎ山」）にある新京成電鉄車両部をお訪ねして，ISO 取得の意義など

写真17-1 認証取得をPRするポスター
このポスターが各駅の広告ボードや車内中吊りで掲示された.

写真17-2 くぬぎ山基地建屋と8800形電車
左のフェンスの向こうはくぬぎ山〜北初富間の営業線である.

写真17-3 くぬぎ山基地の新京成電車群
左から2番目と右端が8900形,右から3番目が8800形電車.

を伺うことにした．

新京成電鉄のプロフィール

　新京成電鉄は常磐線の松戸と京成本線の京成津田沼間 26.5 km を結ぶ千葉県の私鉄である．わが国には鉄道事業法，軌道法という 2 つの法律によって運輸事業を行う 200 あまりの鉄道事業者があるが，その中でも民営化したとはいえ JR 7 社は別格であり，また東京都を始め各地の地方自治体が経営する公営の地下鉄や路面電車，さらに半官半民の営団地下鉄，旧国鉄の地方ローカル線が分離されて民鉄の仲間入りした第三セクター鉄道などもいわゆる私鉄とはいささか性格が異なっている．これらを除いた「普通の私鉄」の中で，関東の東武，京成，京急，東急，小田急，京王，西武の 7 社，中部の名鉄，関西の京阪，近鉄，南海，阪神，阪急の 5 社，九州の西鉄の各社が，鉄道統計などで「大手 14 社」として扱われている．これに次ぐ「準大手」として関東では神奈川の相模鉄道と千葉の新京成があったが，相鉄が最近大手の仲間入りしたので現在関東の準大手は新京成だけである．それ以外の私鉄は「中小」と呼ばれ，私鉄ストが年中行事であった時代にも大手と中小ではストの日程がずれていたのは，ご記憶の方も多いだろう．こうしたランク分けは，歴史，路線長，従業員数，労組の系列など，いろいろな事情によるものだが，例えば 2003 年 4 月現在の営業用車両数でみると，JR グループを除く民鉄第 1 位は営団地下鉄（東京メトロ）で 2,515 両，10 位の小田急で 1,046 両であり，大手でいちばん少ないのが阪神の 317 両であるのに対して，新京成は 202 両の車両を所有している．

　新京成電鉄は，旧陸軍鉄道連隊の練習線跡を利用して鉄道路線の空白地帯だった北総台地を拓く新しい鉄道として戦後の 1946（昭和 21）年に設立され，社名の示すとおり京成電鉄の子会社として車両はすべて親会社京成のお古ばかり，全線が開業したら，あるいは黒字に転換したら，京成電鉄に合併される予定などと言われていたものだが，今や東証 1 部上場資本金約 60 億円という大企業である．関西地区にはかつて京阪電鉄の子会社で「新京阪」という会社があったが，これは現在の阪急京都線であり両端は京都と大阪だった．ところが新京成は京成の「京」とも「成」とも関係のない立地で，社名には京成の子会社という意味合いしかない．もっと早い時点で改称すべきであったかと惜しまれる．

17章　ISO9001の認証

230

写真17-4　純電気ブレーキ使用中の8800形電車
停止まで電気だけを使用する．右手で現在ブレーキ操作中で，速度計は時速約6kmを示している．勿論モータのない車両は空気ブレーキである．

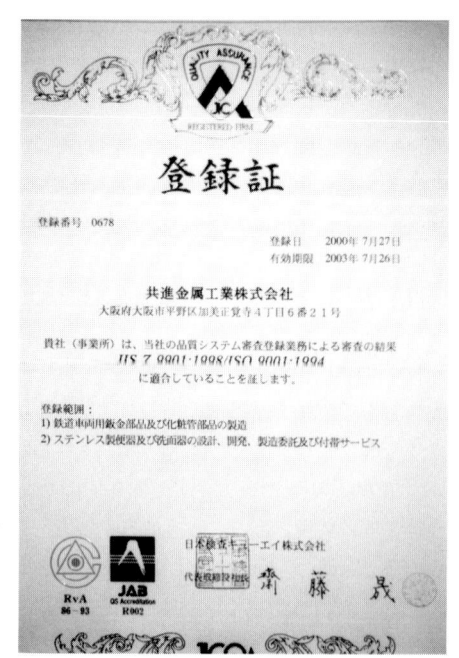

写真17-5　共進金属工業㈱の取得した登録証
登録範囲の1) に「鉄道車両用鈑金部品及び化粧管部品の製造」とある．審査機関は日本の「日本検査キューエイ㈱」

沿線の発展ぶりはすさまじく，爆発的な人口増加により親会社の京成が最大4両編成の時代にすでに5両編成を走らせ，自社発注の新車がいつの間にか京成の中古車を淘汰して，現在走っているのはステンレス車体8両編成の8900形をはじめとする新鋭車両ぞろいである．1986（昭和61）年登場の8800形でいち早くVVVFインバータ制御を採用し，最近では1998年に東京大学その他との共同研究による空気ブレーキを全く使用せずに減速から停車までを行う「純電気（全電気ともいう）ブレーキ」をわが国で初めて実用化したり，主電動機のベクトル制御，さらには速度センサを省略したセンサレス制御を開発するなど電鉄界をリードする技術開発も多く，元気印の私鉄である．

なぜISO 9001なのか

以下は認証取得からその後のフォローまで，責任者としてリードして来られた同社取締役車両部長，飯田秀樹氏のお話を著者がまとめたものである．

そもそもISO（International Organization for Standardization, 国際標準化機構）は工業規格の国際統一を目的に設立された国際機関で，1987年に制定された品質保証システムに関する一連の規格は，ISO 9000シリーズの名で知られている．わが国ではこれに対応する国内規格としてJIS Qシリーズを制定している．

品質管理システムに関するISO 9001としてはこれまで94年版があったが，現在は2000年版である．2000年版の最大の特徴は，これまで対象がいわゆる「品質」で，「製品」を対象とする規格というニュアンスが強かったものを，あえてProductの語を外し，Quality management systems，品質マネジメントシステムとして，製造業に限らずあらゆる組織の行うサービスに適用できることを意図したことである．したがってマネジメントを求められるものであれば，あらゆる組織を対象にすることができる．

これを受けたJIS Q 9001は技術的内容や規格票の様式を変更することなく邦訳したもので，

・経営者の責任

・資源の運用管理（人的資源を含む）

・製品実現（設計・開発，購買などを含む）

図 17-1　ISO 9001 の登録証
今回の新京成のもの．なお，この登録証は日本語翻訳版であり，同内容だが英文の登録証が正式のものである．

・測定,分析及び改善

などの各章からなり,それぞれの原則が示されているが,具体的な要求事項については対象となる各組織において読みかえを行い,「各組織で定めたルールに従って,要求事項が満たされているか」がチェックの対象となっている.

認証は企業単位ではなく事業所単位である.わが国の鉄道業界ではJRの各車両所などがすでにこの認証を取得している.前記したように民鉄車両整備部門としては新京成が最初であるが,会社全体ではなくあくまでこの「くぬぎ山車両基地」が取得したのであり,登録業務としては「鉄道車両の設計,製造,修繕,点検整備」の範囲で,また組織としては新京成電鉄㈱鉄道本部の車両部と,子会社である新京成車輌工業㈱が対象となっている.

なお営団地下鉄(帝都高速度交通営団,現・東京メトロ)も同じ頃受審のための活動を開始し,2000年9月に6ヵ所の車両職場が認証を得た.

新京成の取り組み

新京成では梅崎利秋社長が社の信頼性向上への取り組みの利用客へのPRと,社員の士気高揚を目的に取得を決断されるというトップダウンで活動が始まった.ISO推進責任者が飯田車両部長,ISO推進事務局長が車両課の相原課長補佐である.取得に当たっては,このために組織を変えないこと,書類を増やさないことなど,業務実態をことさらに変えることなく,現状のままで条件をクリヤすることをモットーとした.このあたりの作戦は,冷静かつ賢明と思われる.

社長によるキックオフ宣言は2001年10月のことで,ただちに活動がスタートし,まず前記のJISを社内の実態に合わせて読み替え,要求されているレベルを理解してマニュアルを整備することから始まったが,何しろ未経験のことで,自己流の解釈では行き詰まる懸念もあるので,その道の「コンサルタント会社」を起用し,そのアドバイスのもとに作業を進めた.これが大体終わったのが2002年1月,3月からはこのマニュアルに従って実際の日常業務を行うことを始めた.新しい書類を作らないとはいっても,いつ誰が,どのような理由でそのような決定を行ったか,だれが承認したかなど,従来ともすれば曖昧だったことがらが明瞭に読み取れるように,書類の改定は行っている.

このあたり，わが国の鉄道会社は長年にわたる運輸省，現在の国土交通省による各種規制のおかげで他の業界よりも図面や書類がととのっていたという下地も幸いしたようだ．

話のついでだが，国土交通省では，規制緩和の一環として2001（平成13）年度から「認定事業者制度」を発足させた．鉄道事業者をABCの3クラスに分け，Aクラス（一般）と認定されると各種の届け出や認可，立会いなどが大幅に省略され，Cクラスでこれまでどおり，Bクラス（特定）はその中間という扱いになる．制度開始後現時点では一般認定としてJR各社（事業所）と前記の大手各社の他，準大手の新京成などが認定されている．

さて，審査はISO自体が行うのではなく，ISOから主要国の機関（わが国でいえば日本適合性認定協会／JAB）を通して資格を認められている審査登録機関が行うのである．新京成の場合は，たまたま紹介を受けたこともあって米国企業であるペリージョンソン・レジストラー社（Perry Johnson Registrars, Inc.）を起用した．国内でも，例えば（財）鉄道総合技術研究所（いわゆる鉄道総研）も認証を与える機能を持っている．しかし規格の内容は鉄道固有のものではなく，それこそ汎用性のある表現がなされているから，鉄道技術にくわしい機関に審査してもらう必要は特にないわけである．

今回取得した部門が車両基地関係であるから，ここで想定している「顧客」には直接的には同じ社内の運転士などの乗務員，場合によっては一般利用客が該当し，また新京成車輌工業㈱が外部から車両整備などを受注する場合は，その発注元が外部顧客となる．

例えば車庫に休んでいた列車を起動し，乗務員の待つくぬぎ山駅のホームに出すまでの作業などがこのマニュアルの対象となる．教育訓練の場合でいえば，点検などの作業を教育し，単に何月何日に何名を教育したというのでなく，目標レベルを明確にし，実施後受講者が全員目標レベルに達したか，達しなかった者がいるとすれば，その者に対してどのようにフォローするか，といったことがマニュアルで規定される．

ISO 9001に基づく年度毎の品質方針が策定されている．基本線となる「社訓」や「基本方針」（例えば「整備・検修マニュアルの充実化と技術教育の徹底」など）は年毎には変わらない部分も多いだろうが，より具体的な平成14年度の品質目標を見ると，本課としては「設計に起因する車両故障発生0件」，現業としては「車庫内取扱い不良事故0件」

などと数字でそれぞれ目標が定められている．

息の長い活動が肝要

　2002年7月に認証を得たといっても，1度取って終わりになるわけではなくその後有効性の監視として定期的にサーベイランスがあり，しかも登録の有効期限は3年だから3年後にはあらためて審査を受け，認証を取り直さなければならない．認証を取るということは，今後半永久的にそのレベルを維持して行くという息の長い活動を意味している．品質管理の観点からはこれは大変好ましい，そうあらねばならないことではあるが，やや皮肉な見方をすると，コンサルタントや認証法人にとって，受審する顧客は一見ではなくリピーターとなり，安定収入が保証されることにもなる．もっとも，管理の質が高まり，事故が減少することの代償としてのこうした投資額は，決してべらぼうに高いというレベルのものではないようだ．

　新京成が民鉄初のISOの認証を取得したというニュースは，新聞，雑誌を始めいろいろ報道されたし，同社でも車内の中吊り広告や駅広告でPRした．しかし，一般利用客にとって，なるほどこれがISO認証の効果か，とわかるような目に見える現象は全くないだろうという．つまり，車両がきちんと整備されている，車両故障がないなど，一見何事もないことこそが最大の効果なのである．

　このISOによれば，たとえ担当者が交代してもサービスの質が一定レベルに維持されるという効果がある．一般大衆が顧客であるサービス業などには有力な武器となる可能性もあるが，反面，これを巧妙に利用する知恵者が現れないとも限らない．TVコマーシャルなどでは，早くも葬儀場などがISO 9001認証取得をうたっている．今後，製造業以外のさまざまな新たな分野で「ISO認証取得」の文字が見られるようになることだろう．

　ここで思い出すのは，バブル期に日本列島を吹き荒れた「CI (Corporate Identity) 旋風」である．「CI屋」の口車に乗せられて，あらゆる会社がシンボルマークや社名のロゴを今風に変え，社用封筒を色付きにし，看板を書き換え，莫大な経費を費やして「CIの確立」に狂奔したものである．「食い物にされた」ことを象徴するかのような某社のロゴをつけた社用バスを見かけるにつけ，CIとは一体何だったのか

と考えさせられる．ISO も，正しい方向で利用され，普及されることが望まれる．

　最後に蛇足になるが，いちばん ISO 認定を取得してほしいところは大病院ではないだろうか．ひところ新聞を賑わせた医療ミスなどは，「使用済みの注射針と未使用の注射針が同じ場所に置かれていて間違えた」とか，「同じ色のラベルが貼られていたので点滴の薬を間違えた」など，マニュアルの見直しで防止できるたぐいの事故の続発であった．大病院こそ，継続的な改善を行いながら一日も早くマニュアルを整備して ISO の認証を取得し，胸を張ってこれを PR してもらいたいものである．

あとがき

　本書は，雑誌『金属』（アグネ技術センター）に「鉄道車両のパーツ」として 2002 年 6 月から 2003 年 12 月まで連載したものに若干補筆してまとめ直したものである．タイトルに〈製造現場を訪ねる〉とあるにもかかわらず，最後の 2 テーマはものの紹介のみに終始したことをご諒解願いたい．

　「鉄道車両のパーツ」のうち，「パンタグラフ」，「連結器」，「台車」，「構体」，「椅子」といういわば大物パーツについては『パーツ別　電車観察学』として今春すでに刊行している．本書はその姉妹篇であるが，これまで鉄道専門誌にもほとんど取り上げられたことのない鉄道車両独特の部品の専門メーカーを訪ねて取材することができたのは大変有意義であった．機会を与えていただいたアグネ技術センター，ならびにご協力いただいた各位に感謝申し上げる．

　2 冊合わせると，鉄道車両のほとんどすべての構成部分について，かなり細かく観察することができたものと自負しているが，部外者ゆえの思いこみ違いや理解不足の点などもあろうかと思われる．ご指摘いただければ幸いである．

　　　2004 年夏　　　ひぐらしの里にて

　　　　　　　　　　　　　　　　　　　　　　　　　　石本　祐吉

参考文献

1) 運輸省鉄道局監修『注解鉄道六法』第一法規，1996年.
2) 国土交通省鉄道局監修『注解鉄道六法』第一法規，2003年.
3) 日本規格協会『JISハンドブック／69・鉄道』2002年.
4) 日本機械学会編『機械工学便覧』丸善，1989年.
5) 電気学会『電気工学ハンドブック』2001年.
6) 大塚誠之助監修『鉄道車両－研究資料』日刊工業新聞社，1957年.
7) 久保田博『鉄道用語事典』グランプリ出版，1996年.
8) 鉄道百年略史編さん委員会『鉄道百年略史』鉄道図書刊行会，1972年.
9) 久保田博『鉄道重大事故の歴史』グランプリ出版，2000年.
10) 山之内秀一郎『なぜ起こる鉄道事故』東京新聞出版局，2000年.
11) 白井　昭「電車用空気ブレーキの系譜」中部産業遺産研究会『産業遺産研究』第9号，2002年.
12) 飯田秀樹，加我　敦『インバータ制御電車概論』電気車研究会，2003年.
13) 石本祐吉『増補版鉄のほそ道』アグネ技術センター，1998年.
14) 石本祐吉「パーツ別車両観察学」，『鉄道ピクトリアル』誌連載，電気車研究会.
15) 電気車研究会『鉄道ピクトリアル』誌各号.
16) 交友社『鉄道ファン』誌各号.
17) 取材先各社カタログ，パンフレット.
18) 関係特許公報，実用新案公報.

取 材 協 力 （掲載順）

㈱ユタカ製作所　高崎工場　　　　　　（高崎市剣崎町）
㈱成田製作所　御津工場　　　　　　　（愛知県宝飯郡御津町）
川尻工業㈱　　　　　　　　　　　　　（東京都北区志茂）
住友金属工業㈱　関西製造所　　　　　（大阪市此花区島屋）
アルナ輸送機用品㈱　養老工場　　　　（岐阜県養老郡養老町沢田）
モリ工業㈱　東京支店　　　　　　　　（東京都中央区八丁堀）
共進金属工業㈱　　　　　　　　　　　（大阪市平野区加美正覚寺）
㈱オーワ　　　　　　　　　　　　　　（東京都葛飾区東新小岩）
八幡電気産業㈱　　　　　　　　　　　（東京都大田区東大森）
㈱小糸製作所　　　　　　　　　　　　（東京都港区高輪）
森尾電機㈱　　　　　　　　　　　　　（茨城県竜ヶ崎市奈戸岡）
伸栄精機　　　　　　　　　　　　　　（川崎市中原区宮内）
新京成電鉄㈱　鉄道本部車両部　　　　（千葉県鎌ヶ谷市初富）

索　引（事項・人名）

〔あ〕

ISO9001……15, 51, 113, 127, 164, 17章
IGBT（Insulated Gate Bipolar Transistor, 絶縁ゲート形トランジスタ）
　　……209
アルマイト処理……10, 84, 119
アンテナ……口絵6, 11章
インバータ制御→VVVF制御
ウエスチングハウス（George Westinghouse）
　　……23, 217
移し孔……118
埋め込み式幌……39
HID（High Intensity Discharge）ランプ…149
ATS（Automatic Train Stop Device）, ATC
　　……173, 190
エジソン（Thomas Alva Edison）……128
SCR（Silicon Controlled Rectifier）……203
LED（Light Emitting Diode）…157, 165, 176

〔か〕

界磁チョッパ制御……205
――添加励磁制御……207
――弱め制御……197
回生ブレーキ……201
回転鍛造機……68
側入口→ドア
間接接合……137
貫通路……3章
規格化→標準化
空間波無線（SR：Space wave Radio）…137
結合器……138
勾配起動スイッチ……223
後部標識灯→尾灯
交流誘導電動機……211
5扉車……93
コンタクト（接触片）……5, 11

〔さ〕

桜木町事故……29, 64
桟板→渡り板
参宮線事故……173

三段窓……64, 79, 88
三動弁……218
CI旋風……235
GTOサイリスタ（Gate Turn-Off Thyristor）
　　……209
シールドビーム……口絵7, 145
自動解結装置……17
――空気ブレーキ……23, 217, 219
――兼直通ブレーキ……216
――放送装置……130
車掌スイッチ……170
車側知らせ灯……159, 177
車内放送装置……10章
車輪……口絵3, 6章
ジャンパ……口絵1, 1章
集中式（車内放送装置の）……123
収納式幌……41
主幹制御器（マスコン）……165, 168
主制御器……15章
主抵抗器……194
純電気ブレーキ（全電気ブレーキ）
　　……225, 230, 231
真空ブレーキ……217
ステンレスクラッド……111, 112
静止インバータ（SIV）……3, 224, 226
栓……5
――受け……5, 13
前照灯……12章
前部標識灯→前照灯
外吊り戸……90
外幌……53, 55

〔た〕

棚受け……119
蓄電池……226
直接接合……137
直通空気管……23
――ブレーキ……217, 219
直並列制御……195
チョッパ制御……201
吊手……口絵5, 9章

吊手棒……103
TIMS (Train Information Management System), TIS……123, 161
ディスチャージランプ→HID ランプ
抵抗制御法……193
手すり……105, 107
鉄道運転規則……26
鉄道に関する技術上の基準を定める省令……26
デッドマン装置……173
電気子チョッパ制御……203
──指令ブレーキ……221
電動カム軸式……197
──発電機 (MG:Motor Generator)……3, 175, 224, 225
転落防止柵→外幌
ドア……8 章
踏面形状 (タイヤコンタ)……66
戸閉め機械 (ドアエンジン)……101
塗装……10, 166

〔な〕

波打ち車輪……67, 71
認定事業者制度……234
ノッチ……199

〔は〕

ハーネス組み立て……167
白熱電球……145
発光ダイオード→LED
発電ブレーキ……199
バフかけ, バフ仕上げ……85, 117
ばり取り (かえり取り)……9, 190
ハロゲン電球……147
板金……165, 14 章
非常通報装置……11 章
尾灯……12 章
標識板……154
標準化……98, 214
広幅貫通路……37
VVVF 制御……口絵 8, 3, 205, 207, 209, 211, 231
ブザー……133
普通鉄道構造規則……26, 27, 120, 133, 135, 142, 155
プラグドア……91
ブレーキ管……21

分散式 (車内放送装置の)……123
偏倚試験……14
防音リング……73
防護発報……141
防水試験……口絵 4, 15, 86
ホームドア……95
幌……3 章, 4 章, 5 章
幌地……31
幌骨……口絵 2, 31
幌枠……31, 33, 45

〔ま〕

マスコン→主幹制御器
窓戸錠……77
三河島事故……135, 173
水漏れテスト→防水試験
密着式自動連結器……16, 17
──連結器……16, 18
元空気溜め……223
────管……21

〔や〕

誘導無線 (IR:Inductive Radio)……137
ユニット窓……口絵 4, 79
4 象限チョッパ……205
4 ドア車 (4 扉車)……88, 89, 91

〔ら〕

リニアモータ……213
列車無線……11 章
連結締切装置……24
63 形→鉄道名索引, 国鉄
6 扉車……91, 103

〔わ〕

ワイドドア……98
わたり (主制御器の)……195
渡り板 (桟板)……29
ワンハンドルマスコン……221

索　引（メーカー・機関）

〔　〕　正式名称
（→　）（←　）名称変更

〔あ〕

AEG 社（アルゲマイネ社）……………203
アルナ工機㈱→アルナ輸送機用品㈱
アルナ輸送機用品㈱……口絵4, 7章, 8章
運輸省………………………………26, 214
㈱オーワ…………………………………119

〔か〕

川尻工業㈱………………………………51
共進金属工業㈱…………9章, 227, 230
㈱小糸製作所……………………………145
国土交通省………………………………26, 234

〔さ〕

伸栄精機…………………………………14章
鈴木合金㈱………………………………194
住友金属工業㈱………………口絵3, 6章
GE 社（General Electric Co.）…………203

〔た〕

鉄道総研〔鉄道総合技術研究所〕…………234

〔　〕

㈱東芝………………………………………209

〔な〕

㈱成田製作所……………口絵2, 4章, 227
新津車両製作所（JR 東日本）…………200
（社）日本鉄道車輌工業会………………214

〔は〕

㈱日立製作所………………………203, 209
ペリージョンソン・レジストラー社
（Perry Johnson Registrars, Inc.）………234

〔ま〕

三菱電機㈱…………………………203, 209
森尾電機㈱…………………………13章, 227
モリ工業㈱………………………………112

〔や〕

八幡電気産業㈱………………10章, 11章, 227
㈱ユタカ製作所………口絵1, 1章, 2章, 227

索　引（鉄道名・線名）

〔　〕　正式名称
（→　）（←　）名称変更

〔あ〕

伊豆箱根鉄道㈱ 1000 系…………………口絵7
伊予鉄道㈱…………………………………37
上田交通㈱…………………………144, 154
遠州鉄道㈱…………………………36, 122
大阪市営地下鉄〔大阪市交通局〕………209
　長堀鶴見緑地線………………………213
小田急〔小田急電鉄㈱〕
　…………………39, 88, 152, 153, 156
　ロマンスカー 7000 系…………………90
　1200 形…………………………………216
　1500 系……………………………96, 98
　3000 形（SE 車）………………………146

5000 系……………………………………63

〔か〕

京都電気鉄道㈱（→京都市電）…………193
近鉄〔近畿日本鉄道㈱〕
　養老線…………………………………150
　1253 系……………………………206, 209
　12000 系（スナックカー）……………41
熊本市電〔熊本市交通局〕………口絵8, 209
京王〔京王電鉄㈱〕……………………139
　井の頭線………………………………124
　3700 形…………………………………124
　6000 系……………………………………93

7000系	58	山陽〔山陽電気鉄道㈱〕	
8000系	119	700形	88
9000系	126	JR貨物〔日本貨物鉄道㈱〕	21
京急〔京浜急行電鉄㈱〕	126	コンテナ貨物列車	157
京成〔京成電鉄㈱〕	104, 136	瀬野〜二本松	21

京成〔京成電鉄㈱〕………………104, 136
　AE100系………………………………153
　3000系………………………222, 226
　3200形…………………………………158
　3500系……………………………………4
　3600形………………………132, 222
　3700系…………………………………134
　連接バス…………………………………36
京阪〔京阪電気鉄道㈱〕
　5000形…………………………………93
京福電鉄㈱（嵐電）………………………18
交通博物館…………………………76, 153
神戸市営地下鉄〔神戸市交通局〕
　海岸線…………………………………213
国鉄〔日本国有鉄道〕（→ JR 各社も）
　（新幹線は別記）………………………162
　旧型客車……………………28, 122, 154
　C57形蒸気機関車……………………153
　EF55形電気機関車…………………146
　EF63形電気機関車……………………6
　EF67形電気機関車…………………22
　キハ35形気動車………………………90
　クハ79形………………………………150
　湘南電車…………………………………40
　モハ12形……………………………104
　モハ63形…………64, 88, 91, 111, 151
　101系（モハ90形）…121, 125, 162, 200
　103系…76, 108, 122, 124, 198, 199, 200
　115系……………………………………4
　153系…………………………………79
　165系……………………………口絵7
　201系…………………………………216
　203系…………………………78, 136
　205系………………………109, 169, 207
　207系…………………………………172
　211系…………………………………175
　415系（常磐線中距離電車）……40, 161
　581系（「月光」形）…………………41

〔さ〕
札幌市営地下鉄〔札幌市交通局〕
　………………………口絵4, 62, 92

JR九州〔九州旅客鉄道㈱〕
　103系…………………………………198
JR四国〔四国旅客鉄道㈱〕
　2000系特急気動車……………………92
　6000系…………………………………20
　7000系…………………………………22
JR東海〔東海旅客鉄道㈱〕（新幹線は別記）
　ワイドビューひだ〔キハ85系〕………42
JR東日本〔東日本旅客鉄道㈱〕（新幹線は別記）
　……………………………………………57
　E231系………………………31, 80, 146, 148,
　　　　　　　　　　　　170, 200, 214, 216
　209系………………………32, 78, 160, 210
　総武線…………………………96, 176
　大井工場………………………………154
　大宮工場…………………………………28
　常磐線「スーパーひたち」号〔651系〕…158
　成田エキスプレス〔E251系〕
　　………………………41, 109, 111, 153
　新津車両製作所………………………200
新京成電鉄㈱………………180, 225, 17章
新京阪（→阪急）…………………32, 229
西武〔西武鉄道㈱〕…………………58, 60
泉北高速鉄道㈱………………………41, 43
相鉄〔相模鉄道㈱〕…………88, 160, 161
総武流山電鉄㈱………………………222

〔た〕
地下鉄博物館………………………54, 106, 150
銚子電鉄〔銚子電気鉄道㈱〕…………108
帝都高速度交通営団→東京メトロ
電車とバスの博物館…………141, 156, 216
東海道・山陽新幹線〔JR東海・JR西日本〕
　………………………32, 36, 56, 174, 226
　ひかりレールスター…………………125
　300系……………………………………6
東急〔東京急行電鉄㈱〕…………………95
　東横線……………………………95, 96
　長津田工場……………………………74
　モハ510号………………144, 156, 216
　7200系………………………………108

索引

243

8000系　201, 202, 221, 224	〔な〕
9000系　208	内国勧業博覧会　193
9600形　4	長野電鉄㈱　200
玉川線200形　54	南海〔南海電気鉄道㈱〕
東京地下鉄道㈱（→帝都高速度交通営団）	1000系　109
1000形　54, 106	1500系　88
営団地下鉄　205	和歌山市内線　152
東京メトロ〔東京地下鉄㈱〕（←帝都高速交通営団）　137, 205, 233	南部縦貫鉄道㈱　154
銀座線　110	西鉄〔西日本鉄道㈱〕　94
千代田線　134, 136, 139, 201	〔は〕
600系　62, 198, 202, 210	箱根登山鉄道　28, 198
南北線　139	阪急〔阪急電鉄㈱〕　32, 34
日比谷線　93, 97, 139, 177, 199	京都線特急車　34, 58
丸ノ内線　204, 224	阪神〔阪神電気鉄道㈱〕　60
300形　111, 150	7000系　201, 202
東北・上越新幹線〔JR東日本〕	広島電鉄㈱　225
こまち　39, 40	福岡市営地下鉄〔福岡市交通局〕　134
つばさ　39	七隈線　213
東武〔東武鉄道㈱〕　18, 44, 88	富士急行㈱　200
デハ5号　194	北総鉄道㈱　口絵6, 105, 208
野田線　132	〔ま〕
日光軌道線　76, 180	舞浜リゾートライン㈱　174
東武博物館　76, 180, 194, 196	三井三池炭鉱専用鉄道　78
都営地下鉄〔東京都交通局〕	名鉄〔名古屋鉄道㈱〕　34, 59, 104
浅草線　97, 132	750形　口絵5, 158
大江戸線　141, 176, 213	1600系　42, 59
新宿線　139	5200形　39, 42
三田線　94, 139	〔や〕
都電〔東京都交通局〕	山梨交通㈱　148
荒川線　90	ゆりかもめ㈱　174
富山地方鉄道㈱　151	
十和田観光電鉄㈱　148	

―――― 海　外 ――――

〔アメリカ〕

Amtrak　44
Erie Lackawanna鉄道　80
ニューヨーク地下鉄　20, 56
ボストン地下鉄　54

〔イギリス〕

国鉄　143, 152
ロンドン地下鉄　18

〔韓　国〕

ソウル地下鉄　178

〔台　湾〕

台北地下鉄木柵線　174

〔ド　イ　ツ〕

ICE（急行列車）　67

〔フィリピン〕
マニラ近郊線……………………………106

〔ホンコン〕
ホンコン地下鉄…………………………106

〔フランス〕
パリの旧型国電…………………………222

パリのメトロ……………………………174

〔ロ シ ア〕
ロシア国鉄の客車………………………30
路面電車…………………………………56

著者紹介

石本　祐吉（いしもと　ゆうきち）

　1938年　東京に生まれる
　1960年　東京大学工学部機械工学科卒業
　　〃　　川崎製鉄㈱入社
　　　　　千葉製鉄所，東京本社技術本部，エンジニアリング事業部に勤務
　1995年　石本技術事務所開設
　1980年より年2回のサロンコンサート「春秋会」を主宰
　　　　　「赤門鉄道クラブ」「赤門軽便鉄道保存会」「産業考古学会」
　　　　　「鉄道史学会」各会員

　　著　　書
　　『紳士の鉄道学』（共著），青蛙房（1997年）
　　『鉄のほそ道』アグネ技術センター（1996年，増補版1998年）
　　『オーケストラの楽器たち』アグネ技術センター（2000年）
　　『パーツ別電車観察学』アグネ技術センター（2004年）

鉄道車両のパーツ　製造現場をたずねる

2004年12月25日　初版第1刷発行

著　　　者　　石　本　祐　吉 ©

発　行　者　　比留間　柏子

発　行　所　　株式会社　アグネ技術センター
　　　　　　　〒107-0062　東京都港区南青山5-1-25　北村ビル
　　　　　　　TEL　03（3409）5329　　FAX　03（3409）8237

印刷・製本　　株式会社　東京技術協会

Printed in Japan, 2004

落丁本・乱丁本はお取り替えいたします．
定価の表示は表紙カバーにしてあります

ISBN4-901496-19-0 C0065

姉妹編 鉄道車両のパーツ

パーツ別 電車観察学

著者 石本 祐吉
Ａ５判・並製・192頁＋カラー口絵　定価2,100円（本体2,000円＋税）

「パンタグラフってどれくらい伸びるの？」
「密着連結器の中ってどうなってるの？」

車両パーツのそんな疑問に対して，技術的な意味合い，設計思想，内部の仕組みを，著者のユニークな観点と色々な資料，実際に車両基地を訪ねることで解明.
豊富な写真や図を使ってまとめた１冊. 写真点数240余点.

――もくじ――
1章　パンタグラフ物語
　1　パンタグラフの発達
　2　パンタグラフの構造
　3　大きさと位置，数
　4　パンタグラフのメンテナンス
2章　連結器物語
　1　連結器の役割
　2　手動連結器
　3　自動連結器
　4　密着連結器
　5　その他の話題
3章　台車物語
　1　台車の役割
　2　台車のいろいろ
　3　台車のばね系
　4　台車のブレーキ装置
　5　台車の駆動装置
　6　その他の話題
4章　構体物語
　1　構体とは
　2　構体の作られ方
　3　構体の表面処理
　4　構体のリサイクル
　5　床面の高さ
5章　椅子物語
　1　椅子と腰掛
　2　ラッシュと座席
　3　腰掛の袖仕切
　4　腰掛の人数割り
　5　暖房装置